U1074813

用心有术

yongxin youshu

攻心·忍心·藏心·狠心·诛心

冯知行◎编著

中国城市出版社

·北京·

图书在版编目（CIP）数据

用心有术 / 冯知行编著 . — 北京：中国城市出版社，2013.3
ISBN 978-7-5074-2804-9

Ⅰ. ①用…　Ⅱ. ①冯…　Ⅲ. ①心理学 – 通俗读物
Ⅳ. ①B84-49

中国版本图书馆 CIP 数据核字（2013）第 063740 号

责 任 编 辑　张惠平
封 面 设 计　方彩工作室
责任技术编辑　张建军
出 版 发 行　中国城市出版社
地　　　　址　北京市西城区广安门南街甲 30 号（邮编　100053）
网　　　　址　www.citypress.cn
发行部电话　（010）63454857　63289949
发行部传真　（010）63421417　63400635
总编室电话　（010）68171928
总编室信箱　citypress@sina.com
经　　　　销　新华书店
印　　　　刷　北京集惠印刷有限责任公司
字　　　　数　234 千字　印张 16
开　　　　本　710 × 1000（毫米）1/16
版　　　　次　2013 年 5 月第 1 版
印　　　　次　2013 年 5 月第 1 次印刷
定　　　　价　26.80 元

版权所有，盗印必究。举报电话：（010）68171928

前言

古人云：攻心为上，得人心者得天下；上智御心，下智御力；劳心者治人，劳力者治于人。

纵观古今，能成大事者，均皆城府森严，心术不凡，他们熟谙人心好恶，习知人情真伪，洞悉人性弱点，擅攻心，有忍心，能欺心，敢狠心，会诛心，所以才会有着“登高攘袂，从者云集”的感召力和凝聚力，深得人心，让人心甘情愿地效力于其鞍前马后，让人心生敬畏不敢违逆。

攻心为上

然攻心必先度心，而人心叵测，隐微难以烛照，奸险防不胜防，金玉其外，败絮其中，大言煌煌而志大才疏者，貌忠谠而心存其奸者，往往掩人耳目，混淆视听。人心所藏之深密，变化之多端，以诸葛亮之明，也难预马谡之败，可见察人肺腑之难！怎么办？只好像冯道那样主动进行试探:“或间之以是非以观其志，或告之以祸患以察其忠，或示之以利以验其廉。”如此揣之摩之，试之探之，然后可以攻心——结之以恩，待之以诚，示之以信，晓之以理，动之以情，笼之络之，加之以威，齐之以刑，掣之以肘，诱之以所好。

狡吏恃智，其勇必缺，迫之；

悍吏少谋，其行多疏，挟之；

廉吏固傲，其心系名，誉之。

总之，针对人性的弱点，引导利用，让人畏威怀德，心悦诚服，这就是攻心。

其次忍心

古人云:“江河不弃小涓故能成其大”，伟人之所以高大，是因为他们的志高量大，不然的话，就会“小不忍则乱大谋”。

所以，忍就有了两层意思：一是量大，对人对事忍耐、包容一些。毕竟在这个世界上，完美无缺的人和事是不存在的，包容有缺点的人发挥他们的长处，容得下别人出错，给人以成长的机会，手上的人力资源才会越来越丰厚，人多力量才会大；二是志高，志向高远，做事才有忍劲，轻易不会放弃，有决断，能坚持，胜不骄，败不馁，越挫越勇，则大事可期。

量大，容人所不能容，心胸开阔，是忍心；

志高，忍人所不能忍，心志坚定，是忍心；

隐忍，蛰伏以惑敌，蓄势以待机，是忍心。

第三藏心

做人故然要讲诚信，但也并不代表毫无保留地把自己的腹心暴露在光天化日之下，那样做不叫诚信，叫缺心眼儿。古人常说：“害人之心不可有，防人之心不可无。”“逢人只说三分话，未可全抛一片心。”意思当然不是反对诚信，而是为诚信设了一个自保的底线。所以，藏心有两层意思：

一是指谨守心防。不要轻易表露自己内心的真实想法和意图，更不可以交浅言深，不得已时甚至还要学会掩饰，喜怒好恶不形于色，让人无法猜度你的心思，以免被人利用，被人伤害。

二是指不轻信别人。在这个世界上，如果人与人之间都可以相互信任，那么有许多纠纷、矛盾和冲突就会消除，大多数的法律条文便可以成为虚设，诸如“三权分立”，监督监察之类的机构也无存在的必要。然而，现实并非如此。更有甚者，别人还会利用你的信任来要挟你，利用你的信任谋取自己的利益……所以，韩非子才会忠告那些君主:“人主之患在于信人，信人则制于人“。

既然是不得不设法取信于人，不是发自内心的，就是欺心——该装则装，能哄就哄，也要做足表面功夫，以减轻彼此的抵触、戒备心理：

“票子房子车子，位子担子，哪一样不是替你着想”；

“为了您老的病我连大便都尝了，你看我忠不忠?”；

总之，为了取信于人和示信于人——

奉承讨好装孙子，是藏心；

韬晦示弱学低调，是藏心；

求田问舍以自污，是藏心；

装聋作哑装糊涂，是藏心；

防臣备内远小人，是藏心。

第四狠心

这个世界上，有些人是不可理喻的。你好好和他说话他不理会你；你哄着他捧着他供着他，他觉得你该他的欠他的；你忍他让他，他便逼你欺你……

那些今天受过你恩惠的人，可能会转眼间就在人前搬弄是非，那些表面上和你称兄道弟的人，桌子底下就开始对你使绊子……

为了利益，兄弟阋于墙、亲戚反目成仇、父子明争暗斗、朋友背后下刀……

还有些人，你跟他讲理他跟你耍流氓，你反过来跟他耍流氓时他却要跟你讲理……

所以，你不能心存妇人之仁，要狠下心来，对那样的人，你必须要抽得他痛彻心扉，不服打到他服，他才会知道害怕，才会听话。

做事要有股子狠劲：枪杆子底下出政权，棍棒底下出孝子，鞭子底下出乖驴，压下之下出成绩，宜将剩勇追穷寇，忍无可忍无须再忍，留着化脓不如割了痛快，赏之不足罚之怀怨只得清除，防微杜渐，绝不姑息养奸，敢闯敢拼，狭路相逢勇者胜……这就是狠心！

第五诛心

上司的一次闭门谈话，上级的一次调查，再加上有心人的含糊其词的传播，就算你很清白，别人也会怀疑你有问题了，不辩吧，别人会认为你自己都认了；辩吧，在别人看来不过是“此地无银三百两”，而且越辩，别人越不信——于是你的好名声没了，威望下降了，被人疏远了……若是你因此烦躁不安，灰心丧气，心不在焉……更是正中了那些有心人的下怀，这不正是诛心吗?

抓住一个人言行上的过失和把柄，追根究底，责疑其人品、动机，揭穿其不能言不敢言不忍言的深刻用心，不也是诛心吗?

所以，打击敌人，最好的办法不是消灭他，而是诛心。

宋太祖赵匡胤杯酒释兵权，是诛心；

四面楚歌，让项羽军无斗志，是诛心；

莫须有，让岳家父子甘心受戮，是诛心；

一次公开而无结论的调查谈话，也是诛心。

……

然，“防人之心不可无，害人之心不可有。”术无好坏，心正，则己正人也正；心不正，其下必歪，始则害人，终将害己。

目录

用心有术一：攻心

用心有术二：忍心

第一章：量大容人，容人缺失，允许犯错

第二章：志高能忍，不怕挫折不怕难

第三章：隐忍一时，蛰伏待机

用心有术三：藏心

用心有术五：诛心

用心有术一
攻心

心术之要，攻心为上。然攻心必先度心，而人心叵测，隐微难以烛照，大言煌煌而志大才疏者，貌忠谠而心存其奸者，往往掩人耳目，混淆视听。人心所藏之深密，变化之多端，以诸葛亮之明，也难预马谡之败，可见察人肺腑之难！怎么办？只好像冯道那样主动进行试探：“或间之以是非以观其志，或告知以祸患以察其忠，或示之以利以验其廉。”如此揣之摩之，试之探之，然后可以攻心

狡吏恃智，其勇必缺，迫之可也——攻心；悍吏少谋，其行多疏，挟之可也——攻心；廉吏固傲，其心系名，誉之可也——攻心。

总之，针对人性的弱点，引导利用，让人畏威怀德，心悦诚服，这就是攻心。

第一章 探察人心

五代冯道《仕赢学》中云：

夫事之成，功之立，在于得人。然人有优劣，犹马之有良驽。而自古以降，以奸充忠，以假乱真者多矣。文以巧饰，言以虚夸，犹浮云之蔽日；金玉其外，败絮其中，貌忠说而心存其奸者，往往掩人耳目，混淆视听。故圣人曰："不患人之不知己，患不知人也。不患外不知内，唯患内不知外；不患下不知上，唯患上不知下。"观其言而察其行，方可为知。

言者，一也；行者，一也。言与行符，犹貌与神合。诸葛曰：观其往来（人际关系），察其进退（处事态度），听其声响（反应），詹其看视（眼光）。徒其言美而形不善，此不足为凭。

亦可以道察之：或间之以是非以观其志，或告知以祸患以察其忠，或示之以利以验其廉。

传曰：人心不同，其犹面也。治道之要，在知上之明否，察下之贤否。上之明，事之，上之不明，去之；下之贤，用之，下之不贤，辞之。

察言观色

晋国末年，权臣智伯率领韩、魏两家讨伐赵襄子。韩、魏听从了赵襄子的家臣张孟谈的策动，暗中图谋背叛智伯。张孟谈借机面见智伯，在营门外遇到智果。智果入见智伯说："韩、魏两家恐怕有背叛的可能。我在营门外遇到张孟谈，见他态度傲慢，走路时脚抬得老高，韩、魏二君脸色也很不正常，一定是要背叛你。"智伯不听智果的告诫。智果出来后，便改智姓为辅氏。张孟谈入见赵襄子，报告说："我在营门外遇到智果，看到他眼色里有怀疑我的神态。待到见过智伯后却改变了他的族姓，今天夜里若不发动进攻，就来不及了。"赵襄子说："好吧。"便与韩、魏两家一起杀死守卫的军官，放水冲灌智伯的军队。这就说明，一个人的态度可以从他眼神中折射出来。

《玉钤经》上说："内心高兴，脸色就显得轻松；心中生气，脸色就变得轻慢；心存私欲，脸色就表现出轻薄；心怀恐惧，脸色就现出畏葸的情绪；心有忧思，脸色就现出静穆。"这就是说，内心的情感可以从脸色上表现出来。

《易经》中有关于此的评论，大意是："即将背叛的人，他的话中必流露愧疚；内心疑惑不定的人，他的话必然散乱无章；贤德的人话少，浮躁的人话多；诬蔑诽谤好人的人，他的话一定虚浮不实；失去操守的人．他的话必定不会理直气壮。《周礼·秋官·小司寇》关于断狱有五听的说法，一是根据他的话来判断，其心不正，言语必然烦乱；二是根据脸色判断，心术不正则必因惭愧而脸红；三是根据呼吸来判断，其心不正呼吸必然气急；四是根据犯人听别人说话的反应来判断，其心不正，听别人说话则精神不集中；五是根据犯人的眼神来判断，其心不正，则眼神散乱。由此可以知道，人的内心情感，一定会从其言谈神色上显示出来。”

所以，度心的第一条就是要学会察言观色，从一个人无意中显露出来的好恶，来对这个人的心理进行浅层次的评估，知道个大概，然后再作进一步的了解。

揣摩应对

韩非子认为：“如果用厚利去游说他，就会被认为是志节卑下，那么他就会用卑贱的待遇对待你，你必然会被弃掷疏远了。其实，你所游说的对象实际上是贪图厚利的，只不过为了掩饰自己的贪，才暗中采纳你的建议却公开地疏远你本人，这是不能不明白的。如果你用清高的名声去游说他，就会被认为是头脑冬烘，不懂人情事故，必然不会采纳你的意见。你游说的对象如果实贪厚利，而却要获取清高的名声，就在表面上亲近你，实际上却疏远你，这也是不能不明白的。事情因保守机密而成功，而游说者往往由于泄露了君主的机密而失败。这倒未必是他有意识的要泄露，而是由于无意中触及了君主隐秘的事，像这样就会有生命危险了。这是由于君主与游说者之间的恩泽情分没达到亲密深厚的程度，而游说者却要尽其所知来讲极知心的话，即使意见被采纳而且也收到了成效，他也不会认为这是你的功劳。如果不采纳你的意见，或采纳了而事情却办糟了，你就会受到猜疑，这样也就会有生命危险了。贵人有了过失，你却明白无误地用大道理来推究他的过错，这样也会有生命危险。贵人自认为有良谋善策，要独自建功，而游说者却预先知道了那个计谋，就会有生命危险。勉强君主做他不愿意做的事，企图制止君主正在做的事，也会有生命危险。”

韩非子还说：“如果与君主议论他的大臣，他就会认为你是在离间他们的君臣关系，如果向君主推荐他身边的亲信小人，他就会怀疑你出卖他的权势。称颂他所爱的人，会被认为要拿他本人做靠山，批评他所憎恶的人，则会被认为是试探他的态度。如果顺君主之意略述其事来陈说己见，会被认为畏怯懦弱，不敢坦诚进言而有所保留。但如果多方面的思考，放言宣陈己见，毫不保留，则又被认为是粗野而傲慢。这也是不能不明白的。如果他自认为聪明，计谋高明，就不要指责他的失误，使他感到窘迫。如果他为自己的果断敢为而自负时，就不能指责他的过错而惹他发怒。”

一试一探了解隐藏的秘密

19 世纪，法国政治家塔里兰惯用的策略就是让所有与他交往的人都感觉到他的真诚。他总是把自己的秘密与别人一起分享。

塔里兰拥有不可思议的本领，能在客套闲聊中挖掘出别人的秘密。维托男爵写道：“他的言谈处处透出机锋又优雅高贵，他有本事利用旁敲侧击以及弦外之音来隐藏自己的想法或是恶意。他只是在必要时，才会展现其本性。”塔里兰把谈话的技巧运用得十分娴熟，他让其他人不断地谈论自己，不经意就泄露出他们的意图和计划，也正是这样，他轻易从中了解了对方的弱点。

塔里兰有如此的能力，人们都以为他是顶尖的对话高手，事实上他相当沉默寡言。塔里兰从来不盲目地发表自己的意见，而是在聆听中不断让别人泄露想法。他常常为外国大使组织联谊性质的社交聚会，并在那个过程中审慎地衡量他们的言辞，从中得出他们的秘密，搜集有利于外交工作的珍贵情报。

维也纳会议期间，他曾用一种极巧妙的方式进行侦查工作，如脱口而出一桩秘密事件，然后观察听者的反应。例如，他可能会告诉一群外交官，根据可靠的来源透露，俄国沙皇预备以叛乱罪名逮捕他的头号将领。借着观察这些外交官对这则编造出来的故事的反应，他就会知道哪些人对于俄国军力的削弱最为心喜，以及他们的政府对俄国是否有所图谋。

如同史田顿男爵所言:“塔里兰先生对空发了一枪，看看谁会跳出窗外。”

秘密可以是捏造的，也可以是真实的，这些都不重要，重要的是必须用心观察和对待。

人们总是习惯于把自己的秘密隐藏起来，一旦把秘密告诉某个人，就说明这个人是他最信任的人。这样两个人的心就靠得比较近，坦白之情就会在两个人之间展开，对方也会做出真诚的回应，那么他真正的弱点也就在回应中显现出来了。

弗洛伊德认为:“没有人可以守得住秘密。如果他闭上嘴不说话，也会用指尖喋喋不休地表达出来，每一个毛孔都会显露出违背其意志的信息。”

在寻找别人的弱点时，那些看似无关紧要的姿态以及随口而出的话语是最应该注意的。

如果你希望了解某人的弱点，就应该采取迂回的战术。如果你对别人公开的奉承得到了赞扬，那么就说明你这条路走对了。人的弱点总是蕴藏在日常的小事和细节中。所以，我们所需要的信息总是在小事上表露出来。每个人都有自己的弱点，找出他们的弱点并施加一定的影响，就能轻而易举地打败他们。

不安全和不快乐最容易引起空虚，所以，缺乏安全感及不快乐的人，最容易暴露他们的弱点。要是你能填补他们空虚的情感，你就能获得控制他们的权力。

童年时期对一个人的影响是很大的，可能会影响这个人的一生，而且永远不会消失。了解童年的需求能给你一把有力的钥匙，找出对方的弱点。

公开的特征往往隐藏着相反的习性。拍胸脯的好汉经常是胆小鬼；正直的外表下隐藏的可能是淫荡的灵魂；羞怯的人希望得到别人的注意。因此不要看人的外表，而要深入其内心，那样，你就会发现他们外表的反面就是他们的弱点所在。

利用别人的弱点来征服他人尽管是一条捷径，却也是十分危险的。你可能会因为无法控制自己而陷入别人的旋涡。

要使他人动心，只有决心是不行的，你还要学会洞察别人的内心。每个人的趣味是不同的，了解他们的趣味就很容易影响他们，这等于拿到了开启别人心房的钥匙。你要做的就是找出这个“锁眼”，从他们的性格特征入手，从而影响他。

第二章 攻心为上

根据不同人的性格，寻求其弱点，用他们的喜好去引导他们，这样你就可以亲近他，影响他。

攻心为上

人的思想是很神奇的，它指挥着每个人的每个行为。思想发生变化之后，随之而来的行动便会发生变化。善于“攻心”，将别人的大脑指挥中枢掌握在你的手中，指挥别人的每一步行动，这才是最为有效的。

强迫别人到头来会对你不利，你必须引导别人自愿朝着你的意愿移动，受你引导成功的人将会成为你忠实的帮手。而引导别人的方式就是操弄他们个人的心理和弱点，在他们的情感上下功夫，软化他们的抗拒，使他们更拥护你。

如果想在这个社会上与别人圆润相处，正确的做法是随时随地关照身边的人，衡量他们特殊的心理，剪裁你的修辞好诱惑和吸引他们。

要争取对方的心，最迅速的方法就是尽量以最简单的方式向他阐明你的行动如何让他受惠。自我利益是最强烈的动机，伟大的主张或许会虏获人心，然而一旦最初的激动平息后，利益就成为旗帜。所以利益是比较稳固的基石。另外最有效的动机，就是利用高贵的粉饰来遮掩显而易见的利益需求。用大义来诱惑，用利益来保障交易。

子非鱼安知鱼之乐

人各不同，心性各异，可以通过对某个人言行脉络的观察、归纳、分析、总结来察其心思，知其好恶；切不可以己度人妄加猜测。正如惠子跟庄子所说:“子非鱼安知鱼之乐?”

但是,“物以类聚,人以群分”这句话的负面影响还是很大,在大多数人的眼中,同一个群体的人总会具有某些共同的特征。所以,在对那些身份、地位、年龄、性格与自己相同或者相似的人施加影响时,总会习惯性地用自己的喜好去认识、评价、判断、衡量,认为他们也应该有着和自己同样的想法、观念、处事原则等。总会不自觉地把自己的心理特征,像经历、好恶、欲望、观念、情绪、个性等加在他人身上,或设身处地或以己度人地认为自己这样想的,他人也应该有同样的想法,并试图通过自己的想法去影响他人,结果往往事与愿违。

美国第39任总统吉米·卡特曾经多次跟人提起他“以己度人”闹出的一段尬尴趣事:

1964年,刚从海军学院毕业的吉米·卡特,遇到了海军上将里·科弗将军。当将军让他谈谈自己的事情时,吉米·卡特为了赢得里·科弗将军的喜欢,自豪地提起自己在海军学院的成绩,他说自己在全校820名毕业生中,名列58名。他以为将军知道他的成绩后一定会对他刮目相看,没想到将军没有任何反应地问道:“你尽力了吗?为什么不是第一名?”这让吉米·卡特不知如何回答。

这件事让卡特在以后跟人打交道时很受启示:你的喜好未必是别人的喜好,你心里想的未必是别人心里想的。

所以,在向他人施加影响前,一定要实事求是地根据自己观察所得到的信息,去判断对方的喜好、性格、特征,这样才能更好地施加影响。最重要的在于辨别出哪些人具有怎样的欲念,哪些人具有怎样的性格特征。不同的钥匙开不同的锁,我们要找的正是这不同的钥匙。根据不同人的性格,利用他们的喜好去引导他们,这样你就可以支配他们的意志。

浮躁的人可以激他

公元 357 年，姚襄进据黄落。前秦派苻黄眉、苻坚及将军邓羌等率军前去救援，姚襄深沟高垒，固守不战。邓羌向符黄眉献策说，姚襄被桓温杀败，锐气大减，所以拒不出战，然而他性格刚烈，可以鼓噪扬旗、逼其营垒，激其出战。然后再在三原设伏，一定能大败姚襄。姚襄果然大怒，全线出击，邓羌且战且退，将姚襄引至三原，然后与伏兵一起全力出击，姚襄所部顿时溃不成军，其本人也被擒斩首。姚襄本来可以坚守阵地，拒不出战，从而保存自己的实力，可是他却禁不起邓羌挑逗，大怒出兵，结果兵败被斩，实在可惜。

画定圈子给你跳舞

伊凡四世统治之初，想要进行一次彻底的改革，但是伊凡的势力太小了，而且还受到俄国亲王阶级的控制。“波雅尔”，即俄国的亲王阶级，限制了他的权力，他们靠恐怖手段控制着人民，和伊凡进行对抗。

1564 年 12 月 3 日，伊凡离城而去，在莫斯科以南的一个村庄里落脚，没有任何解释。人们担心伊凡把他们交给了残暴的波雅尔阶级。这个时候国家陷入了无政府状态。1565 的 1 月，伊凡写给人民一封信，声称是波雅尔的背叛让他决心永久退位的。

公开信强烈地震撼了人们的心，他们蜂拥到街上游行示威。贵族们害怕了，他们乞求伊凡复位视事。伊凡耐心聆听，但是不肯改变心意，坚持地表示，如果要他复位视事就必须赋予他绝对的权力，由他完完全全统治国家，波雅尔不许干涉。贵族们妥协了。

面对内战，几乎俄罗斯的每一成员都请求伊凡回到莫斯科，重建法律与秩序。2月，伴随着隆重的庆典，伊凡返回莫斯科，并且控制了一切权力。他的目的达到了。

伊凡清楚地知道，伪装的引退是通往胜利的唯一的简捷途径。威逼利诱是没有用的，只能让他们拥有选择的权力，在权力面前谁都难以抗拒。人民只有两个选择，其实只有一个可选项，那就是放弃无政府状态，赋予伊凡绝对的权力，让他来掌管这个国家。人民同意了，至少他统治国家比国家陷入无政府状态要好得多。

从中外历史中可以看出，引退和消失是控制权力惯用的手法。让别人认识到自己的位置不可替代，然后再把唯一的选择权给他们。在两个都很苛刻的选择中，人们会选择程度比较轻的一个。给别人选择权，实际上是给别人布置陷阱。只要对方履行了选择的权力，那么你就可以控制局势了。

人们总是容易被表面现象迷惑，看起来有选择的权力，实际上可选择的只有一个。

“控制选项”有如下形式：

——激起反抗心

艾力克森医生是20世纪50年代催眠治疗的先驱，但是他的病人总是旧病复发，这危及了他的名誉。他很不高兴这种病人的第二次出现。那些复发的病人为了得到他耐心的治疗每次都说自己是第一次来，这正是艾力克森希望的。

若要激励孩子以及顽固分子，这将是一个很好的办法。他们总喜欢反其道而行，所以你要假装鼓吹反面，促使他们“选择”你希望他们去做的事。

——粉饰选择

基辛格最爱用这样的计谋。在他担任尼克松总统的国务卿时，他认为自己比总统更能作出好的决策，但是如果他自作主张，就会冒犯总统。因此，每一次在需要作出决策时，基辛格都会提出三四项选择给总统，但是尼克松每次的选择都在基辛格的预料之中，因为那些选项只有一项是行得通的。

——缩小选择范围

沃拉德是19世纪末的一位艺术掮客。他善于玩弄这样的花招。

有一位顾客来到沃拉德的画廊想要看看塞尚的画作。沃拉德无精打采地拿出一幅塞尚的作品，绝口不提价格的事，那位顾客只好离开，并说第二天他会再来看画的。第二次沃拉德给他看一些他不感兴趣的作品，并声称是同一批画作，那个人看看又走了。他第三次来的时候，沃拉德给他看更糟的作品。这个人终于恍然大悟，原来第一次给他的画作是最好的。这时候，他提出要买第一次他看的那幅画，而现在这幅画的价格一定会有所抬高了，但买主是不会犹豫的，因为他相信那幅画是最好的。

这是对待那些三心二意的谈判者的良策。

——转移战场

美国实业家洛克菲勒创业初始，决心垄断整个石油市场，但又不能让对手知道自己的雄心壮志，否则他们会联合起来反击。于是，洛克菲勒秘密买下运输石油的铁路公司。这样一来，所有的石油公司都要依赖他的铁路来运输，而运费则由他来定。洛克菲勒就这样控制了石油市场。

这个策略实施后，那些人即使明白自己所处的地位，也没有任何办法，只能眼睁睁地看着别人控制自己。事实上，洛克菲勒的成功是建立在“转移战场”的基础上的，他的这一举动让许多石油商倾家荡产。

——进退两难

谢尔曼将军在美国南北战争期间进军乔治亚用的就是这个计谋。虽然南军知道谢尔曼前进的方向，无从知晓他会从左方还是右方攻击，因为他将军队分成了两翼。

贪利心理要省察

俗话说：“贪小便宜吃大亏，”贪便宜的人很容易被人利诱，被人操纵。而有些心术不正的人恰恰深知人性弱点，惯于利诱他人，正直的人们不得不明白这一点。精通驭人术的袁世凯最擅长的就是“利益捆绑”，这一点在他的小站练兵活动中表现得尤为突出。有一次他对张之洞透露自己的练兵秘诀道:“练兵的事，看起来很复杂，其实也很简单，主要的是要练成‘绝对服从命令’。我们一手拿着官和钱，一手拿着刀，服从就有官有钱，不服从就吃刀。”

当时在“新式陆军”中，每棚（相当于一个班）都供奉有袁的肖像，朝夕焚香跪拜。袁世凯还亲自为士兵发饷，又经常派人到各营演说，向士兵灌输袁世凯是所有士兵的衣食父母，大家都是靠袁世凯养活之类的理念，以至于部队中弥漫着对袁世凯的个人迷信，“但知有袁宫保，而不知有朝廷”，更不用说国家民族了。这一手非常厉害而且有效，袁世凯日后的发迹正是以这支队伍为后盾的。

对士兵采用这样的控制手段，对重要部属，袁则另有一套笼络控制的手段，一种更为高明的手段。如袁手下有一个文案叫阮忠枢，有一次结识了妓女小玉，欲纳为妾，结果遭到袁的痛骂。事过之后袁却秘密派人将小玉赎出，并购置了房舍和各项陈设，然后带阮过去，这时天色已晚，阮随袁进入一个院中，只见房中铺陈异常华丽，堂上红烛高烧，摆着丰盛的酒席。及至进入屋里，看见自己朝思暮想的小玉，方才恍然大悟，从此对袁更加忠实效劳，甚至在袁称帝失败，落到了国人皆曰可杀的地步的时候，阮还在四处活动让袁留任大总统。

袁世凯对他的许多心腹，高一级的如有“北洋三杰”之称的段祺瑞、冯国璋、王士珍，次一级的如曹锟、张作霖等都使用过类似手段。据袁世凯的女儿回忆，有一次时任师长的张作霖由东北来京谒见，当时袁的办公室内陈列着四块打簧金表，样子极其精致。袁在和张谈话时发现张不时地注视离他座位很近的这四块金表，于是当场就送给了他。北洋军之所以除了袁之外，谁都无法操控，这套驭人之术是起了很大作用的。

但是，当一些新型人物出现之后，袁世凯的这套百试不爽的驭人之术开始失效。袁就任临时大总统后，极想笼络众望所归的宋教仁，他派人暗中了解宋的体型，送去的西装，比宋自己定做的还要合体。他给宋一本交通银行的五十万元支票，请他自由支用，但宋教仁只留下衣服，支票却让人退还给袁，并修书一封曰:“绨袍之赠，感铭肺腑。长者之赐，仁何敢辞。但惠赠五十万元，实不敢受。仁退居林下，耕读自娱，有钱亦无用处。原票奉璧，伏祈鉴原。”这件事是使袁对宋起了杀机的一个重要原因。驭人之术失效，标志着袁无法再随意羁縻他人为自己效劳。后来的史家多认为“刺宋”是袁走向末路的开始，这还是很有道理的。

袁世凯的驭人之术为什么一直屡用不爽，可到宋教仁这里却失效了呢?因为宋教仁是有革命理想的人，与袁世凯志趣不同。凡是被袁世凯的驭人术击倒的人，在骨子里都有与袁世凯同样的封建官场积习。这也给我们启示:如果你想用小恩小惠拉拢收买人，那么你是得不到优秀人才的。

同样的道理，在政治上也可以发挥作用。

公元前659年夏天，晋国兴兵攻伐虢国。伐虢就必须经过虞国，但是如果虞国不借道给晋国，晋国就束手无策。大臣荀息建议晋献公把自己国家的两件国宝——千里马和玉璧送给虞国国君虞公。晋献公接受了荀息的建议，派人把千里马和玉璧送给虞公，虞公不听谋臣宫之奇的劝告，借路给晋国。晋军经虞国到达虢国，攻占了虢国的都城，迫使虢国迁都到上阳。公元前655年，晋国聚集精兵良将，再次向虞国借路攻伐已迁都上阳的虢国。宫之奇劝说虞公道:“虢虞两国相互依存，虢国灭亡了，虞国也就日薄西山了。所谓‘辅车相依，唇亡齿寒’说的正是虢虞两国今天的形势。还请大王三思而行。”可是虞公再次拒绝宫之奇的劝告，借路给了晋国。是年八月，晋国大军经虞国进入虢国，迅速攻克虢国国都上阳，虢国灭亡。凯旋途中，晋军趁虞公毫无防备之际，又一举消灭了虞国。虞公成了晋军的俘虏，千里马和美璧也都重新回到晋献公手中。

荀息抓住了虞国国君虞公爱财的弱点，投其所好，使其放松了警戒，从而达到了借道的目的。而虞公在助纣为虐的同时，也葬送了自己的国家，实在可悲。

第三章 笼络人心

真正无欲无求的人，可能会有，但绝对稀少。普罗大众，熙来攘往，说好听了是追求成功，实现抱负，说俗了，无非名利地位，归根到底还不是要满足内心的欲求？给他们想要的：荣誉、利益、信任、重用、面子……谁还能铁石心肠地拒绝你？

广求贤才，成就大业

在战国七雄当中，燕国力量相对较弱。究其原因主要是内乱不停，人才匮乏。燕昭王即位之时，正是国家处于丧乱之余，百废待兴之际。为了报仇雪耻，振兴国家，他发誓要把当时各方面的优秀人才都网络过来。

究竟怎样才能得到天下贤士呢？燕昭王思贤若渴，决心躬亲下问，向智者郭槐请教。请教的第一个问题就是如何招徕贤才。郭槐见昭王心诚意笃，就放着胆量说："凡是成就帝业的君王，对待贤人都是以师长相待；成就王业的人，视贤者为知己；欲称霸的国君，就把贤者看成忠实的属下；那些连国家也保不住的国君对待贤者则如同奴仆。看来，越是贤明的国君，对待贤者的态度越尊重。"

燕昭王说："我的本意是广求贤才，向所有的人学习，可是到哪里去找好的老师呢？"

郭槐对昭王讲了这样一则故事：

古代有一个国君想以千金的高价求购千里马，三年也未能求到。这时他的一个侍从对他说："这事交给我去办吧！"国君打发他去了。过了三个月，他回来了，只带回一具马骨。侍从对国君说："我见到千里马时，它已经死了，我花了五百金，将马骨头买了回来。"国君大怒，说："我所寻求的是活的千里马，要这匹死马有什么用？而且还花费五百金！"那个侍从对他说："死马还肯花五百金的高价买下，何况活马呢？天下的人必定以为大王是真心要买好马的人，千里马很快就会来到的！"果然，不到一年，先后有三匹千里马被送到这里。

讲完了这个故事后，郭槐说："大王若想招纳贤士，请先从我开始。我这样的人都被重用了，更何况那些更贤于我的人呢！他们一定会不远千里而来！”

燕昭王听完郭槐一席话，觉得很有道理，于是专为郭槐修建了豪华的官室，把他当老师看待，各方面都给予特殊优待。昭王爱才的美名远播国内外，四方能者智者、英雄豪杰都慕昭王尊贤礼士之名，汇集到燕国。不到三年，像乐毅、邹衍、剧辛等贤者、谋士从赵国、齐国远道而来。由于燕国群贤毕至，人才济济，终于能够使自己以弱抗强，以小敌大，加入到强者的行列。仅乐毅一人就带兵攻下齐国七十余城，一直打到齐国首都临淄，齐王逃走，缴获珠玉、财宝、车甲、珍器无数。昭王不仅报仇雪耻，而且势力之大，令诸侯侧目。

郭槐向燕昭王所献招贤心法，从观点到方法都很具体、正确，对于今人有重要的参考价值。如果高高在上，放不下架子，又不愿付出代价，是得不到真正的人才的，最多只能得到庸才或奴才。

以信义收服人心

公元 24 年的秋天，刘秀统兵攻击河北起义军中实力最为强大的铜马军。铜马军被刘秀的军队围困在城中，因为铜马军人数众多，就想速战速决。刘秀看穿了他们的心思，让将士们挖沟筑垒，只围不打。一个月后，城中的粮草吃光了，铜马军只好弃城逃跑，刘秀领兵在后面追杀，到了馆陶（今河北省馆陶县），铜马军向刘秀投降，刘秀接受了。但还没来得及接收、改编铜马军，高湖、重连的义军赶来与铜马军会合，再次和刘秀开战。双方在治阳展开大战，刘秀用兵如神，不久，三支义军全部投降。

十几万农民起义军投降之后，刘秀手下很多将领认为农民军先投降而后又反叛，不可靠，主张杀掉他们。也有人认为农民军缺少约束，战斗力不足，担心留下他们会发生变化，拖累了自己的军队。对这些意见，刘秀都是付之一笑。他收降了农民军后，封农民军的首领为列侯，让他们各自统领原来的军队，并没有打乱他们的编制。刘秀招降了农民军为己所用，但是此时的刘秀已经不是绿林军所代表的阶层了，他的政权的性质已经转化为大地主阶级领导的，代表着大地主阶级的利益。正是因为如此，这些和官府作对的农民军将士心中都是惴惴不安，见到刘秀封自己当官，又不打乱编制，放心了不少，但是还犹豫不定。刘秀知道问题的症结所在，采取了相应的对策。

在下达了不改变农民军编制的命令的第二天，各支农民军的队伍正在操练，刘秀带了三四个亲随，骑马离开了自己的营寨，来到农民军的大营。他一个大营一个大营地看望农民军将士，向他们表示慰问。农民军的将领和士兵看到这种情况，都很感动，他们纷纷说："萧王把自己的心掏出来放在我们的胸膛中，咱们难道还不能为他拼死效力吗?"于是他们纷纷请求改编到刘秀手下将军的军队中去。

现在的人可能感觉奇怪，为什么这一举动会有如此大的效用。实际上，刘秀只身巡视农民军的营寨，就是对农民军的高度信任。农民军刚归顺刘秀，人心不稳，脱离自己的营寨，去视察降兵，潜在的危险是很大的，换成一个疑心很重的人是不会这样做的。但是刘秀做了，而且做得光明磊落。一下子就感动了农民军，使他们心甘情愿接受改编。十几万的俘虏，处理起来的确是个棘手的问题，要是全杀了，就会失去民心，历史上秦国大将白起杀赵国降军四十万，项羽击败秦军将领章邯后，杀了秦军俘虏二十万，结果民心大失，这些都是活生生的例子，刘秀自然不会犯这样的错误。

爱兵者，兵恒爱之

魏国名将吴起立了战功后，被任命为河西守将。他在职期间，为了培养造就一支父子之兵，与士兵同甘共苦，生死与共，深受将士的爱戴和敬重。

一次，军中有一个士兵生了疽疮，红肿溃烂，疼痛难忍，恶臭熏人。吴起得知后，立即亲自去替他吸吮脓血，裹伤敷药，像对待亲生骨肉一样关怀备至。那士兵在吴起的精心医治护理下，很快就痊愈了。吴起爱兵如子的行动，使全军上上下下，无不深受感动。不久，这事传到那士兵的家中，其母竟放声大哭起来。人们觉得很奇怪，便问她："吴将军亲自为你儿子吸吮脓血，治好他的恶疮，你不但毫无感激之情，反而痛哭流涕，是何道理？"老妇人回答说："诸位有所不知，当年我的丈夫也在吴将军的部下当兵，将军也为他吸吮过脓血，治好了恶疮。他为了报答将军的深情厚谊，作战时总是一往无前，视死如归，直到战死疆场。现在我的儿子怎能受恩不报呢？不知道他又将葬身何处了，这怎能不使我伤心落泪呢！"

吴起就这样培养了一支堪称父子之兵的队伍，并率领这支队伍与诸侯大战 70 余次，其中有 64 次大获全胜，还从强秦手中夺得五座城池。

吴起是靠什么打胜仗的呢？他在回答武侯的提问时，一语道破了治兵打天下的真谛，这就是用"爱"的火种点燃战斗情绪。

人们常用"爱兵如子"这句话赞扬将领对士兵的关怀与爱护。显然，人们历来是把这种关怀与爱护当成美德来歌颂的，吴起作为一个旧时代的军事将领，其聪明之处就在于他深切地了解士兵中的这种传统心理，懂得"爱兵者，兵恒爱之；敬兵者，兵恒敬之"这样一条为将之道。正如那位因生了疽疮的儿子受到吴起的精心爱抚而惶惶不安的母亲所说：

"我的儿子怎能受恩不报呢？""将军为他吸吮脓血，治好恶疮。他为了报答将军的深情厚谊，作战时必然一往无前，视死如归。"这，就是"爱兵"所产生的心理效应。吴起之所以平时廉洁刻苦，抚爱战士，其目的也就在此。

施惠于民争民心

齐景公到了晋国，与晋平公饮酒，乐师师旷作陪。齐景公向师旷请教如何治理国家，说:"太师将教诲寡人什么呢?"师旷说:"君主必须施恩于民。"齐景公来到馆舍又向师旷请教如何治理国家，说:"太师将教诲寡人什么呢?"师旷又说:"君主一定要施恩于民。"齐景公出了馆舍，趁着师旷来送行，又问同样的问题。师旷还是说:"君主一定要施恩于民。"齐景公回到住处，苦苦思索，酒还未醒，已经悟出了其中的含义。

原来，齐景公有两个弟弟，一个叫公子尾，一个叫公子夏，都很得齐国民众的人心。两个弟弟家都很富有，民众争相依附，势力可以和公室相抗衡，这可是危及君主的迹象呀！

这么一想，齐景公豁然开朗，现在师旷一再劝我施恩于民，目的是要我同两个弟弟争夺民心。于是，齐景公火速返回了齐国，打开粮仓，把粮食分给饥饿的贫民；打开府库，把多余的钱财分给无依无靠的老人和孩子；把没有亲幸过的宫女嫁了出去；对七十岁以上的老人，国家按时供应衣服和粮食。

民心，固国之本，得民心者得天下。齐景公用施惠于民的方式，同两个弟弟争夺民心。最终，民心归顺，百姓依附。他的两个弟弟竞争不过他，只好逃到外国去了。

推心置腹，示之以诚

马援，字文渊，扶风茂陵人，少有大志，是甘肃隗嚣的绥德将军。刘秀派冯异平定关中之后，益州（今四川省）有公孙述据守。隗嚣割据甘肃全境，对于投降刘秀还是归降公孙述，隗嚣一时拿不定主意，就派马援出使洛阳和成都，看看双方的情况以及刘秀和公孙述的为人，好选择一方作为靠山。

马援到了成都后，因为他和公孙述是同乡，两人的关系很好，以为公孙述会像以前那样，平易相待，结果却让他大失所望。公孙述听说马援来了，让他上殿拜见，在殿外和殿阶上密密麻麻地排满了武士，戒备森严，生怕马援是刺客。两个人见面寒暄了几句，公孙述就让马援离开。马援回到馆驿之后，公孙述派人来给马援做新衣服，又在宗庙里召集群臣，设立了马援的座位，以鸾凤旗开道。马援不知道公孙述要干什么，一打听才知道公孙述要加封马援为大将军。马援手下的宾客都很高兴，说公孙述是真命天子。马援却反对说："如今天下胜负未定，公孙述又不能像周武王那样礼贤下士，共图大业，反而注重繁文缛节，不过是一个木偶人罢了，这怎么能够笼络天下的豪杰呢?"因此，马援在成都没住几天，就回到了甘肃。对隗嚣说："公孙述是井底之蛙，不如去看看刘秀是什么样子。"

马援来到洛阳见刘秀，有了上次的教训，马援做好了心理准备。他一到洛阳，立刻发现这里与成都是完全不同的两个世界。马授把隗嚣的信递上去不久，中黄门（宫中负责接送外客的太监）立刻带他来到了宜德殿旁边的厢房中。马援一进去就看到刘秀穿着便装，很随意地坐在椅子上等着他，心中先有了三分崇敬。刘秀看见马援进来，笑着对马援说："您在两个皇帝之间往来，见识一定不少。今天看见了你，让我感到惭愧啊!"

马援磕头问道："当今之世，不仅国君选择大臣，大臣也挑选君王。我和公孙述是同乡，是从小的好朋友，可我前些时候到成都，公孙述安排武士后才接见我。今天我远道而来，和您第一次见面，您怎么知道我不是刺客或者恶人，竟然这样平易地接见我呢？”

刘秀笑着说：“你不是刺客，顶多是个说客罢了。”

马援心中很佩服，说道，“天下屡遭战乱，至今未定，擅自称帝的人数不胜数，今天看见了您的恢宏气度，和高祖（刘邦）一样，才知道什么是真命天子！”

刘秀也很喜欢马援，就留马援住下，陪同刘秀转战于江汉、东海等地，然后派来歙送马援回到陇右（今甘肃东部）。

马援回到陇右，隗嚣问他对刘秀的印象，马援说：“刘秀的聪明才智，勇气谋略，不是他人能够比得上的。他胸怀宽广，待人真诚，豁达大度，博览经史，学识渊博，政事处理得很清楚。”

隗嚣又问：“你看他和高祖相比如何？”马授说：“他不如高祖，高祖无可无不可。当今皇上好政务，行动中规中矩，又不喝酒。”隗嚣听了，觉得刘秀虽然是个劲敌，但总比公孙述要强，于是派儿子隗恂去洛阳做人质，马援也随同前往。

马援说“高祖无可无不可”，这是什么意思呢？原来，他意思是说汉高祖刘邦为人做事，散淡自然，能随势应变，而刘秀则是一位自我约束能力很强的皇帝。和公孙述相比，刘秀这种坦诚随和的态度深深打动了马援。他不事夸张，待人纯朴，从这纯朴待人之中，展示了刘秀超凡的个人魅力。这是一种真诚的征服人心的策略，比威逼利诱的效果要好得多。而且，刘秀让马援陪同观战，一点军事上的隐瞒都没有，这一点是许多人都做不到的。刘秀这么做很大程度上是向马援示好，表明自己的态度。从长远来看，稳住隗嚣是刘秀平定关中和齐鲁的重要条件。马援在隗嚣集团中是举足轻重的人物，刘秀用真诚和信任而不是威逼的手段笼络了马援，用这种相对来说很柔和的手段间接掌握了隗嚣，从而把握了整个局势的主动权。

用心有术二

忍心

古人云:“江河不弃小涓故能成其大”。伟人之所以高大，是因为他们的志高量大，不然的话，就会“小不忍则乱大谋”。

所以，忍就有了两层意思：一是量大，对人对事忍耐、包容一些，毕竟在这个世界上，完美无缺的人和事是不存在的，包容有缺点的人发挥他们的长处，容得下别人出错给人以成长的机会，手上的人力资源才会越来越丰厚，人多力量才会大；二是志高，志向高远，做事才有忍劲，轻易不会放弃，有决断，能坚持，胜不骄，败不馁，越挫越勇，则大事可期。

量大，容人所不能容，心胸开阔，是忍心；

志高，忍人所不能忍，心志坚定，是忍心。

第一章 量大容人，容人缺失，允许犯错

德才兼具、完美无缺的人，本来就不多，也不易遇到。而那些既有才华又有缺点的人，只要调度得好，真正做到用其所长避其所短，让他们互为补充，不也同样成事？而且有缺点的人更好控制，更好驾驭。

另外，世事无常，什么事情都不可能做到百分之一百的完美，做事情的过程当中也不可能不犯一点过错，我们能做到的唯有：不求最好，只求更好，容错改错，不断进步，不断完善。

所以，我们择人处事无需苛责，要有包容心，容得下有缺点的人，允许别人犯错误。

克己忍让，大度能容

人和人之间相处是最难的，各种矛盾和摩擦也会经常发生。一般说来，社交过程中产生什么矛盾的话，双方可能都有责任，但作为当事人应该主动地“礼让三分”，多从自己方面找原因。

忍让，实际上也就是让时间、让事实来表白自己。这样可以摆脱相互之间无原则的纠缠和不必要的争吵。

忍让是一种美德。亲人的错怪，朋友的误解，讹传导致的轻信，流言制造的是非……此时生气无助雾散云消，恼怒不会春风化雨，而一时的忍让则能帮助恢复你应有的形象，得到公允的评价和赞美。

清朝时有两家邻居因一道墙的归属问题发生争执，欲打官司。其中一家想求助于在京为大官的亲属张廷玉帮忙。张廷玉没有出面干涉这件事，只是给家里写了一封信，力劝家人放弃争执，信中有这样几句话：“千里修书为道墙，让他三尺又何妨？万里长城今犹在，不见当年秦始皇。”家人听从了他的话，邻居也觉得很不好意思，两家终于握手言欢，反而由你死我活的争执变成了真心实意的谦让。

事情就是这样：争一争，行不通；让一让，六尺巷。古代开明之士尚能如此，今天彼此之间处理小事小非，更应该比封建时代更高一着。

忍让不是懦弱可欺。相反，它更需要的是自信和坚韧的品格。古人讲“忍”字，至少有如下两层意思：一是坚韧和顽强；二是抑制。被誉为“亘古男儿”的宋代爱国诗人陆游，胸怀“上马击狂胡，下马草战书”的报国壮志，也写下过“‘忍’字常须作座铭”。这种忍耐，不正凝聚着他们顽强、坚韧的可贵品格吗？有谁说他们是懦弱可欺呢？

“小不忍则乱大谋”，此话没错，问题是看谋的是什么。成语“负荆请罪”的故事被传为千古美谈：蔺相如身为宰相，位高权重，而不与廉颇计较，处处礼让，何以如此？为国家社稷计也。“将相和”则全国团结；国无嫌隙，则敌必不敢乘。蔺相如的忍让，正是为了国家安定之“大谋”。

忍让是一种度量，能克己忍让的人，是深刻而有力量的，是雄才大略的表现。

永远不要瞧不起别人

大鱼大肉并非真正的美味，真正的美味只是粗茶淡饭；超凡脱俗的人，通常不甘居于人下，很难为我所用；真正能够为我所用的，可能就是那些看起来长短不一、优缺点同样明显、并不完美的人。

当然，那些现在看起来很俗的人，若干年后他们或许就是最不俗的人！也许，现在的你处于一个优越的位置，很多人都不如你，在你眼中，他们是那样的俗不可耐、平庸之极！但请你收敛起清高孤傲的心，因为若干年后，你或许会发现一切都改变了，那些看起来很“俗”的人个个都成了大人物，而自己很可能还在原地踏步。这绝对会是心理上的一种刺激。

在古代，那些隐居山林的智者大多都具有经天纬地之才，并且大都有怪癖，其中之一就是清高孤傲、曲高和寡，只和自己相知的人来往，对其他人不屑一顾。《三国演义》中，刘备三顾茅庐才和有卧龙之称的诸葛亮见上一面，古人的清高孤傲在这里表现得就十分明显了。另外，著名诗人陶渊明曾用菊花表现自己的清高孤傲，这是因为他隐居深山，不和官宦同流合污。

不过，到了现代，智者的清高孤傲早被打击得七零八落了，因为在当今社会，想找几个有能力甚至在某方面是天才的人根本不费什么事，当大家都是能人的时候，就不要奢求自己还能清高孤傲起来了。才华横溢而又年轻帅气的成功人士大有人在。所以，如果你是一个才华横溢的人，就不要以自己那点微不足道的“本钱”孤高自傲了，因为这可能正是你失败的原因。

从小学到大学，陈佳一直是别人羡慕的对象，他不仅长得英俊而且成绩好，并且文艺、体育上也能捧上几个大奖回来。毕业后，陈佳被聘到一家跨国企业做总经理助理。第一天工作时，陈佳发现原来经理助理并不只是他一个人，还有另外一个同事，从总经理介绍看来，这个人绝不逊色于自己，一向十分自信的陈佳感到了压力。虽然对方总是笑眯眯地对自己说话，但陈佳总会感到一丝寒意。虽然总经理有两个助理，但是并不意味着陈佳的工作就会轻松许多，带着对同事的“寒意”，陈佳开始了职业生涯。

一次会议结束后，总经理对两个助理说:“最近和外商有一个谈判，你们之中有个人要和我一起去，但是我现在还不能决定谁可以胜任。所以现在进行一个小型的资格考核。题目是，在一周内了解这几个人的性格和家庭情况。我会把你们安排在两个不同的部门之中，前提是你们不能“泄密”自己是总经理助理，并且不能向你已经了解的人打听你想知道的人。”很快，陈佳被安排到市场部，而那个人被安排到财务部。一向自信的陈佳被这个题目难倒了。因为他始终找不到一个叫林云的人，更无法去了解他了。一周的考核时间很快结束了。总经理看完两个人的调查结果，吃惊地问陈佳:“你怎么没有找到林云?”陈佳一时无语。“他就是我们公司门口的保安，我记得他还带着你的朋友去市场部找过你。这次考核的主要目的是考查你们的交际能力和信息总结的能力，所以，这次你落选了。”陈佳十分懊恼。

为什么陈佳没有找到这个叫林云的人？因为他根本没有料到一个公司的保安竟然和许多公司经理级人士一起排列在名单之上。而没有想到的根本原因，是陈佳骨子里存在那点不合时宜的“孤高自傲”。陈佳开始审视自己的性格，他打电话问朋友们——自己到底是什么样的人？得到的结果几乎一致：有点清高。这时，陈佳才意识到问题的严重性，开始尝试让自己“俗”起来，于是他发现原来自己的眼界是多么狭隘！

没有谁比谁高雅多少，每个人都是俗人。生活在滚滚红尘之中，即使是神仙下凡也注定无法躲开世俗的追击！说到底，我们都是常人，即使身居高位，即使拥有万贯家财，即使声名远播，即使众人仰慕……我们都应该记住自己本来就是一个世俗之人，没什么了不起。

世界上几乎所有具备完美人格和高尚品德的人，都是在不动声色中实现着自己的理想。一代思想大师孟子，拥有无穷的智慧。尽管如此，他仍是平凡依旧，看起来跟一个老农没什么区别。一次，齐国的一个人与孟子相遇，问孟子说："国王总打发人去探视先生，想必您一定有什么与别人不同的地方吧？"孟子回答说："我能有什么与别人不同的地方呢？即使尧舜禹也同一般人一样啊！"

每个人都是大同小异，我们没必要把自己搞得过于鹤立鸡群、清高孤傲，这样做的后果只有被世人孤立，从而无人与你交朋友，真正变成孤家寡人。《菜根谭》中有这样的话："士君子之涉世，于人不可轻为喜怒，喜怒轻，则心腹肝胆皆为人所窥；于物不可重为爱憎，爱憎重，则意气精神悉为物所制。"意思就是告诉我们要让自己表现得与一个常人无异，哪怕你身怀绝技以及兴趣爱好都很突出，也要做出一副混混沌沌的俗人模样。这才是悟透世间三昧的聪明人！

从今天开始，千万不要因自己的那点优点而对人"另眼相待"，否则只能让你成为一个自负的孤独者，被排斥在众人之外。长此以往，你的人脉就会被自己束缚，出现沟通的障碍，所经营的事业自然也是进展缓慢。因此，你一定要清醒地认识到——我跟人一样，人跟我一样，圣人和我也没什么不同。

容人之隙，化怨为谊

周定王元年，楚庄王平定叛乱后，大宴群臣，并让爱妾许姬为大臣们敬酒。突然，一阵轻风吹灭了厅堂内的灯烛，黑暗中，有个人拉着许姬的衣袖调情。许姬不从，顺手扯下了他的帽缨，并告诉庄王，要求掌灯后立即下令查出帽子上没有缨的人。庄王哈哈大笑，当即发话："请众官都把帽缨去掉，以尽情痛饮。"待大家都把帽缨扯下，庄王才下令点灯。这样，究竟谁是行为不轨者，已无法分辨。许姬不理解，庄王说：酒后狂态，人常有之，倘若治罪，必伤国士之心。后来，在吴兵伐楚的战争中，有个人奋不顾身，英勇杀敌，为保卫楚国立了大功。此人名叫唐狡，他就是"先殿上绝缨者"。后人有诗赞道："暗中牵袂醉情中，玉手如风已绝缨；尽说君王江海量，蓄鱼水忌十分清。"

俗话说："小怨不赦，则大怨必生。"领导与部属常在一起，难免矛盾，甚至可能产生怨恨，作为领导者若能容人之隙，不计小怨，则能迅速化解危机；但若记恨在心，伺机报复，则小怨必成大怨，甚至反目为仇，刀枪相见。

容人之隙应该注意两个问题，一是不念旧恶，度外用人。

度外用人是历代智能之士用人的一条重要原则。

丙吉是汉宣帝时的丞相，以知大节、识大体著称。又宽厚待人，惩恶扬善。尤其是对下属，从不求全责备。对好的下属，他大力加以表彰；对犯了过失的下属，只要是能原谅、宽容的，他都尽可能地原谅、宽容他们。

丙吉有一个车夫，驾车的技术很好，其他方面也没有什么问题，就是有一个毛病——喜欢喝酒。他经常喝得醉醺醺的，出门在外也是这样。

有一次，丙吉出门办事，带了这个车夫驾车。却不料他这次喝得大醉，车子还在路上，他就呕吐起来，把车上的座席都弄脏了。车夫一见自己弄脏了座席，吓得不知怎么才好。

但丙吉并没有多说他什么，只让他把车上的污迹擦干净，然后又赶车上路了。

回到相府，管家知道这件事后非常生气，狠狠地训斥了车夫一顿，并向丙吉建议说："大人，这个车夫实在是不像话，干脆把他赶走算了！"

丙吉摇摇头说："不要这样做。因为他喝醉酒犯了一点小小的过失就赶走他，你让他到哪里去容身呢？他不过是弄脏了我的座席罢了，算不上什么大罪。还是原谅他吧，我相信他自己会改正的。”

管家这才没有赶走那个车夫。车夫知道是丞相的宽宏大量才保住了自己的工作后，内心非常感激，决心报答丞相。从此更尽心尽意地赶车，酒也喝得少多了。

车夫原本是边疆人，熟知边防报急方面的事情。有一次，他在长安街上看到一名驿站的官员疾驰而过，猜想一定是边境上发生了什么紧急的事情。于是他紧跟着到驿馆里去打听消息，果然得知是匈奴入侵中郡和代郡，那里的郡守派人告急。

车夫立即回相府，把自己探听到的情况向丙吉报告。丙吉知道宣帝马上会召自己进宫商议，便叫来有关方面的属下，向他们了解被入侵地区的官员任职以及防务等方面的详细情况，思考了对策。

不一会儿，汉宣帝果然召见丙吉和御史大夫等人商议救援之事。由于丙吉事先已知道了消息，并且有所准备，所以胸有成竹，侃侃而谈，很快提出了可行的救援办法。而御史大夫等人却是仓促进宫，一点消息也不知道，对被入侵地区的情况也不太了解，一时之间根本就说不出什么来，更不用说切实可行的救援办法了。

两相比较，对照鲜明。汉宣帝赞赏丙吉“忧边思职”，对御史大夫等人却很不满意。

退朝后，其他大臣对丙吉十分钦佩，丙吉却对大家说：“实不相瞒，今天是因为我的车夫事先打听到消息并告诉了我，使我预先有了准备。当初，他曾经醉酒呕吐，弄脏了我的车座，我原谅了他，所以他才有今天的举动。”

说到这里，丙吉又感叹道：“所以啊，每个人都有他的所长，也各有所短，我们应当尽量容忍别人的过失。想想看，假如当初我不容忍车夫的过失，把他赶走了，能有今天受到皇上的表彰吗？”

众人都点头叹服。

人正是在不断接受正反两方面的经验和教训中逐渐成熟起来的，因此，对属下的失误，领导者应给予理解并帮助其查找原因，这样既可以树立领导威信，提高属下的参与意识，同时又有利于在总结经验的基础上为问题的解决打下基础。

有这样一个真实的事故：

第二次世界大战时，一位英国将军举办了一次祝酒会。到会的除了上层人士外，还有一批作战勇敢的士兵，酒会相当热闹、隆重。可在酒席中，一位从乡下入伍的士兵不懂席上的一些规矩，竟捧着一碗用来洗手的水咕噜咕噜地喝了，顿时引来达官贵人、太太小姐们的讥笑之声，那位士兵被羞得无地自容。这时，只见那位将军慢慢地站起来，端着自己面前的那碗洗手水，面向全场贵宾，充满激情地说："我提议，为我们这些英勇杀敌、拼死为国的士兵们干了这一碗。"说罢，一饮而尽，全场顿时肃然，稍后人人都仰脖而干。那位士兵已是泪流满面，感动不已。

这位将军适时地给了士兵一级"台阶"，顺理成章地把尴尬不已的战士接下"台"，士兵的感激就可想而知了。

其实这位士兵并没做错什么，他只不过不懂上层社会交际场合的规矩而已。然而那位将军的举动令所有在场的人肃然起敬，因为他用宽容和理解的言行化解了场上的不和谐因素，令人敬佩。

海纳百川，有容乃大。宽容是人类性情的空间，这个空间愈广大，自己的性情愈有转折的余地，就愈加不会动肝火、闹情绪，愈加不会纠缠于无谓的小事。因此，一个宽容的人，到处可以契机应缘，和谐圆满，微笑着对待人生。

美国空军著名战斗机飞行员鲍伯·胡佛经验丰富，技术高超。在长长的试飞生涯中，十分顺利地试飞了许多种机型。

有一次，他在接受命令参加飞行表演，完成任务后他飞回洛杉矶，在途中飞机突然发生故障，问题十分严重，飞机的两个引擎同时失灵。他临危不惧，果断、沉着地采取了措施，奇迹般地把飞机迫降在机场。

飞机降落后，他和安全人员检查飞机情况，发现造成事故的原因是用油不对，他驾驶的是螺旋桨飞机，用的却是喷气机用油。

负责加油的机械工吓得面如土色，见了胡佛便痛哭不已。因为他一时的疏忽可能会造成飞机失事和三个人的死亡。胡佛并没有对他大发雷霆，而是上前轻轻抱住那位内疚的机械工，真诚地对他说：“为了证明你干得好，我想请你明天帮我干飞机的维修工作。”

这位机械工后来一直跟着胡佛，负责他的飞机维修。以后，胡佛的飞机维修再也没有发生任何差错。

如果一个人，能善待别人的过失，给予他人理解和自尊，帮他人恢复自信与坚强，那么，他就是一个高尚的人。他也能获得别人的尊重和信任。

领导者驾驭宽容的原则必须注意的是宽容不是不讲原则，不是放弃批评，息事宁人，做老好人；相反，宽容应该坚持组织原则，坚持唯物辩证法，相信人的长处与短处是可以相互转化的，而宽容他人的目的就是要将他人的短处转化为长处，使其因为领导者对其错误的宽容、理解而激发更积极、健康的工作热情，从而达到领导者所定目标的实现。

人各不同，不必苛责

我们总会遇到各种各样的人，有很多肯定和我们不是同路人，无论是志趣还是性格都与我们不合，甚至格格不入。但这些都不要紧，要紧的是他对我们的事业发展是不是有用。在这个时候，苛求完美不是一种正确态度。

不要强迫别人一定要跟自己相同，须知“方便有多门，根机有多种”；更不必要求人人都顺从自己的意思，眼耳鼻舌各司其职，才能成为健全的有用之人。有了铁路，再建一条公路，甚至再加高速公路，分工合作，才能发挥更高的功能。有人说：我们每个人都是被上帝咬了一口的苹果，带有各种各样的残缺，都有这样那样不如意的地方。确实如此，你必须让自己接受这个事实。如果你过于追求完美，对人求全责备，那一定严重影响你的人际关系，就会没有一个人敢跟你交朋友，你也将因此错过成功和幸福的机会。

有这样一个禅学故事，希望对大家有所启发。

古代有位禅师，一日晚上在禅院里散步，突见墙角边有一张椅子，他一看便知有位出家人违犯寺规越墙出去溜达了。老禅师也不声张，走到墙边，移开椅子，就地而蹲。过了一会儿，果真有一小和尚翻墙，黑暗中踩着老禅师的背脊跳进了院子。

当他双脚着地时，才发觉刚才踏的不是椅子，而是自己的师父。小和尚顿时惊慌失措，张口结舌。但出乎小和尚意料的是，师父并没有厉声责备他，只是以平静的语调说："夜深天凉，快去多穿一件衣服。"

一个人的心能包容一个家庭，就能成为一家之主；能包容一个城市，就能成为一市之长；能包容一个国家，就能成为一国领袖。在现实世界中，几乎每个成功人士都有容人的雅量，从而交到各个层面的朋友。当他遇到麻烦时，到处都有人主动帮忙，从来不会陷入孤立无援的境地。

这就告诉我们——朋友的缺点，你要宽容；伴侣的缺陷，你要容忍；同事工作能力低下，你要有一颗激励之心。要知道，世间并无绝对的真理，没什么东西一定就是对，或者一定就是错。所谓的对错，只不过因为立场不同、角度不同，得出的观点也就有所区别罢了。我们眼中看到的缺点或不可理解的事情，站在对方的立场看，很可能就是理所当然的。朋友对你说了谎，应先思量他是不是有什么为难之处？或许就能体谅他了。若是不加思考就把丑话说出口，朋友想必是做不成了。对你，对他，都没好处。

芸芸众生，性格各异，你不可能喜欢每一个人，也无法让所有人喜欢。在现实生活中，很多人对自己不喜欢的人嗤之以鼻或敬而远之，这种做法其实是过于偏颇的行为，势必对人际关系和事业发展造成不利的影响。

如果你想获得更多的朋友，就不要过于苛求完美，以下几点需要注意：

1. 对朋友生活、工作中的习惯要给予尊重

每个人都有自己独特的作息方式、家庭背景，而在此基础上形成的习惯也不可能与你相同，所以，尊重别人的习惯应当是最起码的要求。

2. 不念人恶

就是说不要对朋友过去的错误耿耿于怀。朋友之间的矛盾，总会随时间的流逝而减淡，抓住过去的恩怨不放是不明智的。忘记以前的不愉快，以后还会是朋友。

3. 不责人过

就是不要责难对方犯下的小错误。《菜根谭》中说："攻人之恶毋太严，要思其堪受。"这句古语告诫我们，攻击别人的错误不可太严厉，一定要考虑对方的承受能力，否则虽然泄了一时之愤，但也破坏了人际关系。

容许别人犯错误

刘秀攻克洛阳后，在洛阳称帝。地方上还有许多的割据势力，刘秀继续派兵征讨。当时赤眉军在关中一带拥立了一个叫刘盆子的人为帝，关中地势险要，沃野千里，刘秀就派司徒邓禹夺取关中。赤眉军人多势众，邓禹连吃败仗，只好请求援助，刘秀派征西大将军冯异去接替邓禹。

冯异到了关中以后，先败后胜，打败赤眉军。刘秀认为冯异很有才干，就留下冯异镇守关中。从此再没有让冯异去别的地方，只是在关中地区转战。关中平定以后，冯异开始大力发展生产，关中的经济恢复很快，冯异驻军的上林苑比洛阳还要繁华。冯异为人稳重厚道，爱民如子。一次，他得知长安县令欺压百姓，就杀了长安县令。谁知一些别有用心的人上书刘秀，说冯异专制关中，百姓归心，要做"咸阳王"。刘秀看了，也没多说，就把奏书送到了关中交给冯异。

冯异得到了书信以后，惶恐不安，给刘秀上书说：臣本来是颍川的一介书生，遇到了陛下，这才借着您的福气，在您手下效劳。承蒙陛下看得起，让我做大将军，独当一面，好让我立些功劳。这都是您多谋善断的结果。臣愚笨，没有什么好的建议，臣暗自里回忆，奉了您的调书行军打仗，每次都是得心应手，凯旋而归。有些时候，出于一己私心，决断事务，现在臣已经后悔了。陛下眼光高远，知道天命和人性，这不是臣所能够理解的。当年天下大乱的时候我遇到陛下，就决心为您效命，在危难的时候尚且不敢有什么差错，现在天下平定，臣又有爵位，更不敢妄自行动了。看了陛下给臣的奏章，臣深感恐惧，考虑到陛下是知道臣的脾气的，才敢向您上书解释。

刘秀接到冯异的奏章，看到一半就开始笑，后来终于忍不住哈哈大笑，边笑边说："朕又没有责怪他，怎么让朕的征西大将军吓成了这个样子？"马上写了一道诏书说：将军和我，从道义上说是君臣，从恩德上说像父子，是什么嫌隙和疑虑让将军怕我成了这个样子呢？诏书发出后，刘秀怕冯异不安，于建武六年（公元30年）招冯异回洛阳。刘秀当着众人的面夸奖冯异说："这是朕起兵时候的主簿，为朕镇守关中。"然后他又和冯异商量了破蜀之计。冯异回关中的时候，刘秀特意恩准冯异带着妻子回长安。冯异感激不尽，更加尽心竭力报效刘秀。

冯异是刘秀手下"云台二十八将"中的一员，功勋卓著。历史上许多名将都逃不脱兔死狗烹的命运，但刘秀手下的大将是个例外。刘秀让冯异镇守关中二十多年，不论是在战争过程中，还是在和平时期，有人进谗言，刘秀从未相信，他很清楚自己的爱将是什么样的人。他没有像有些皇帝那样怀疑有功之臣，也没有借机敲山震虎，给冯异点颜色看。从刘秀与冯异的来往书信中，完全看不出刘秀的君主架子，口吻也一点都不严厉，亲切平和是主要的基调。这就是刘秀宽容的一面，他知道冯异的品格和作用，放手使用冯异，给自己的事业增添了稳定的后援。

水至清则无鱼，人至察则无徒

《汉书》中有句话说："水至清则无鱼，人至察则无徒。"意思就是说，河水太清澈了，鱼儿就没法生存；一个人太苛刻了，就很难交到朋友，没人敢跟他打交道。凡事都有利弊，从一方面来说，水清本来是个好事，因为混浊的水会让鱼窒息。但水太清了，就不是好事。这需要从生态学角度分析。大鱼需要吃小鱼，小鱼需要吃更小的水生物，最小的水生物需要吃水藻，而水藻类的微生物存在是不会让水非常清的，也就是说如果水非常清了，就没有水藻，而作为上级食物链的鱼也就没有食物吃了，没有食物自然也就无法生存了。

在这个世界上，谁又能保证自己不犯一点错呢？人与人之间总会有看法和思想的区别，对方不可能跟你的行为举止一模一样。毕竟，谁也不是谁肚子里的蛔虫！我们不能抱着自己那套标准严苛地去要求他人，总得容忍一些不符合自己价值观的事物。

孟尝君在自己的领地广招门人食客并给予优厚的待遇。于是，天下有识之士，都竞相投奔归附。一时间，食客就达数千人，影响甚大。

秦国对孟尝君的才能深为恐惧，便使用了离间之计，使孟尝君失去了齐国相国的职务。树倒猢狲散，他的食客也接二连三地离开了他。

后来，他的食客中有位叫冯谖的人，用计使孟尝君官复原职。孟尝君感叹地对冯谖说道："我对待客人很热情，在招待上也没什么疏忽，以致食客人数达到了三千有余。但是我一旦失去地位，他们全都背弃我而去，没有人来看望我。幸好有你助我一臂之力，才重新恢复了地位。看那些家伙有什么脸面再来见我？如有厚着脸皮回到我这儿来的人，我必将朝他脸上啐唾沫而大加羞辱。"

冯谖却对他说："富贵时，大家都来投奔；落魄了，朋友四处流散，这是理所当然的。您看菜市场，早晨人们熙熙攘攘，但到了晚上，就变得空空荡荡了。这并非人们喜欢早晨，讨厌晚上，这是因为早晨有要买的东西，所以人们聚集到市场上，而晚上没有东西可买，人们就不去市场了。食客们由于您丧失地位而离开您也与此相同。这是由于他们所求的东西没有了，所以您不应该记恨他们。"

孟尝君听冯谖这样一说，立刻心领神会，仍一如既往地对待再次归附到他门下的食客们。

孟尝君虽然愤怒，但还是替别人多想了一些：食客们之所以投奔而来，是对自己抱有很大的期待，想在相国身边干些业绩；自己失势了，对方的期待落空了，焉有不走之理？所以，是自己的沉浮，影响了他们的去留。孟尝君不再记恨他们，体现了他的君子风度。

一个统御他人的人，要最大限度地发挥自己的影响力，“君子之德如风”，宽容大度必能感服部属，赢得人心。

做人如此，为政更是如此。汉武帝时期，东方朔就曾经用“水至清则无鱼，人至察则无徒”来委婉地劝说汉武帝要把胸怀放宽，要“举大德、赦小过”，不可求全责备。“察”，就是苛察。“徒”，即同类或伙伴的意思，现在就是指“朋友”。鱼的环境是水不要过分清澈，以致无处藏身；人的环境是关系不要过分紧张，以致无法相处。过分清澈与过分紧张，都含有危及生存的因素，一旦危及到生存，就必须对所存身的环境有较好的要求，因此鱼要求有水草、岩隙和树枝等赖以藏身的空间，人也要求有一个“雾里看花”、朦朦胧胧的环境和心态，要不然就都会引致对生命不利的结果。引喻到现实社会里就是：人太精明而过分苛察，就不能容人，就没有伙伴没有朋友。因为精明者往往容不得他的过错或性格上的差异。这句格言从自然现象谈起，告诫我们不要对对错、是非过于执著。这就好比肥沃宽松的土壤，树木就必然会生长茂盛一样（这当然须有其他要素如阳光、水分等），人有了不执著于是非的开放心态，能动的触角就会四处延伸，就会做出尽可能大的效果和成绩。但人事之间的尺度是不易掌握好的，往往不是太过，就是不及，结果总是不能尽如人意。

据《后汉书·班固传》记载，大将班超在西域为都护时限较长，又有病，所以朝廷将他召回，接任者任尚请求班超临别赠言，班超说：“塞外的吏士本来就不是孝子顺孙，他们都是因为罪过而发配到边地的，而蛮夷又都怀有鸟兽之心，不容易安抚，却极易挑起事端。而您的性格太严厉而急躁，这是不好的，也容易出问题。水清了就没有大鱼，政务太苛察就不易让下面的人亲附，以至人事和谐，所以您还是应当将法度放松点，简易点，要宽容人家的小小过错，只要大事能够抓住、不出问题就算尽到职责了。”

任尚没听进去，结果败了个干净彻底。

别抓住别人的小辫儿不放

一个人不可能永不犯错，我们也不例外。所以，对于别人的过失和错误，应该采取宽容的态度，对于别人冒犯自己的情况，也不要太计较。要知道，别人得罪了你，本是一件芝麻大的事，笑一笑就过去了，你却气愤难平，好像对方在故意刁难，就会把小火星烧成冲天大火。结果，搞得大家见了你就绕道，唯恐避之不及！等你遇见困难、摔了跟头，谁还会帮你？

而且，生气是用别人的过错来惩罚自己。老是念念不忘别人的“坏处”，最受其害的就是自己的心灵，搞得自己痛苦不堪，这种人，轻则自我折磨，重则可能导致疯狂的报复。何必呢？

既往不咎，不念旧恶，才可甩掉沉重的包袱，大踏步前进。况且在许多情况下，人们误以为“恶”的未必就真的是“恶”。退一步说，即使是“恶”，对方心存歉意，诚惶诚恐，你不念恶，以礼相待，进而对他格外地亲近，也会使为“恶”者感念其诚，改“恶”从善。

所以，不要只看见别人眼中的刺，而看不见自己眼中的横木！请将心比心，对别人多点理解与宽容之心！不要一遇不顺，就总怨天尤人，认为自己怀才不遇，觉得全世界都是凶手，全都对不起你。眼睛盯在别人身上，总把责任推到别人头上，却从来不反思自己——长此以往，将没有任何人喜欢你。即使是一个深爱你的人，也终将离你而去。

一个人的境界高低决定了其成就的高低。如果只记住别人的缺点、过错、坏处，而忘记了别人的好，那么必定是一个心胸狭窄的人。这样的人做什么事情都放不开，锱铢必较必定一事无成！

有个一表人才的大学生帅哥，凡是初次见到的人，都觉得这人很不错。但是相处久了，才发现他是一个斤斤计较、心胸狭窄的人。在公司给同事帮了忙，哪怕只是举手之劳，也要把这个人情讨回来，非得找机会让同事帮他一次不可。谁要是不小心得罪了他，他就会长久地怀恨在心、伺机报复。有次在工作讨论会上，有位同事对他的方案提出反对意见，他便把对方视为仇敌，立即展开一场激烈的辩论。

他进入公司不到一年，上司就开始忍无可忍，借机把他调到西部城市的分公司。临走的时候，没有一个人去为他送行。到了这地步，他仍然没意识到问题出在哪里，还给每个同事都发了电子邮件，感慨自己怀才不遇，痛陈上司的“八宗罪”。

这样的人，人见人怕，能有什么出息？我们可千万不要让自己变成这样的人。

刘秀带领兵马围困洛阳时，听说刘玄逃走，一方面下诏书封刘玄为淮阳王，无论官吏还是百姓，有杀害刘玄的，以大逆不道之罪论处。一方面招卓茂为太傅，开始攻打洛阳，先让朱鲔尝够苦头，再命原来是朱鲔的部下岑彭去城中劝降朱鲔。岑彭见到朱鲔以后，对他说：“我以前是您的部下，是您的提拔我才有了今天，常想着报答您的恩情。如今更始政权已经瓦解，皇帝平定燕赵，又亲率大军攻打洛阳，您不要执迷不悟，等到城池被攻破，不是玉石俱焚吗？”朱鲔又何尝不知道当前的形势呢，不过他有他的顾虑，他怕刘秀因为哥哥刘縯被杀一事，怀恨在心，所以犹豫不决。

岑彭知道朱鲔的心思，回来后如实报告给刘秀。刘秀慨叹道：“做大事的人不会计较小的恩怨，朱鲔如果投降，我保证既往不咎，给他官职和爵位。”岑彭回到城下，把刘秀的话告诉给朱鲔。朱鲔半信半疑，就放下一根绳子，对岑彭说：“如果你说的是实话，就爬上来吧。”岑彭抓住绳子就要上去，朱鲔知道是真的，答应投降。

公元 25 年 9 月，朱鲔用绳子把自己绑了起来，让手下人守住洛阳，要是三天以后自己不回来，就出洛阳去投奔郾王，自己则跟随岑彭来见刘秀。刘秀一看，立刻解开了朱鲔的绳子，让岑彭送朱鲔回洛阳。第二天，朱鲔率领洛阳守军开城投降。刘秀封朱鲔为平狄将军，然后迁都洛阳。

攻克洛阳是刘秀夺取天下的一个转折点，他终于拥有了具有号召力的城池，从此掌握了天下的枢纽，开始了他征讨四方的征程。在洛阳之战中，刘秀深知洛阳城池坚固，不宜强攻，他就按兵不动，等待时机。更始政权内乱，刘玄出逃，洛阳城中人心不稳，给他提供了一个很好的机会。尽管有充足的力量可以攻克洛阳，他还是体恤士兵的生命，为减少伤亡，尽管面对杀害自己兄长的仇人，刘秀也没有快意恩仇，而是不计前嫌，避免了一场可能流血千里的战争。可见刘秀的度量之大。

击败赤眉军后不久，刘秀就攻占了长安和荆襄。然后他把注意力转移到了齐鲁大地。这里的割据势力的头目叫张步，他割据了几乎整个山东半岛。更始帝刘玄死后，张步在齐鲁大地招兵买马，扩充实力。刘秀一直都想劝降张步，不过张步很狡猾，也不称王，也不归附他人。刘秀没有理由出兵，就派太平大夫伏隆去劝降张步。

伏隆受命到山东一带招降，果然收降了一些割据势力。张步听说了这件事，觉得自己在武力上没有办法同刘秀抗衡，于是派使者到洛阳，献上了石决明作为礼物。刘秀很高兴，但是张步没有交出兵权，刘秀感到很头疼。

公元 26 年，他派伏隆为光禄大夫出使齐地，而且给了伏隆任命县令以下官员的权力。伏隆到了齐地以后，齐地的豪强都来归附。伏隆封张步为东莱太守，张步觉得自己割据齐地多年，却只封了太守，心中不平。正好割据淮阳的刘永来招附张步，封张步做齐王，张步贪图官大，就想投奔刘永，又怕刘秀怪罪。伏隆看出了苗头，规劝张步，张步不听，还强留伏隆在齐地。

伏隆知道张步的态度已经无法挽回，就给刘秀写信说：臣不能完成使命，反被凶徒抓住，但是既然受命于君王，也顾不了那么多了。现在张步处人心不稳，望陛下及时进兵，不要考虑我的安危。我死之后，我的父母兄弟都交给陛下照顾了，臣死而无憾。

刘秀接到信后大哭，找来伏隆的父亲伏湛说："伏隆有苏武的气节，朕恨不得马上让他回来。"结果张步为了表示对刘永的忠心，杀了伏隆。刘秀得到伏隆的死讯后，十分震怒。但是，这时候岑彭、朱鲔、祭遵在和秦丰作战，而吴汉、马武、盖延、陈俊在东线与刘永激战，邓隆被困在北方，冯异又在关中，一时间抽不出兵力去攻打张步。刘秀再三权衡之后，决定先不攻打张步。

公元28年，吴汉和耿弇平定了叛乱，益延杀了齐地的刘永。刘秀大喜，命耿弇去攻打张步。耿弇一路上势如破竹，连战连捷。刘秀也亲自来督战，攻下临淄以后，刘秀为耿弇庆功。酒席宴上，刘秀说："耿将军攻下齐地，功比韩信。当年齐王田横杀了高祖的使者郦食其。田横投降以后，高祖下令不许报仇。如今张步虽然杀了伏隆，但如果他投降，我也让大司徒伏湛放弃前嫌。"耿弇挥兵东进，张步走投无路，只好投降。刘秀没有食言，封他为安丘侯，让他一家搬到洛阳居住，还赦免了他的三个弟弟。

刘秀对待投降将领的态度值得我们深思，他对待和自己有深仇大恨的人，都能从大局出发，用怀柔的方式来解决问题，他宽容朱鲔，固然可以说是他考虑到洛阳的战略地位，但对待刘盆子，就充分表现了他宽容的一面。刘玄和刘盆子都是曾经被拥立为皇帝的人，姑且不论"天无二日，国无二君"的传统思想，单就刘盆子造成的麻烦来看，刘秀也有一百个理由杀了他。张步割据齐地，又杀了伏隆，这件事情让刘秀很生气，张步同朱鲔、刘盆子比起来，行为更加悲劣，而且耿弇大军势如破竹，张步败亡指日可待，刘秀能够在这个时候不计前嫌，接纳他的投降，确实非常人能及。

第二章 志高能忍，不怕挫折不怕难

志向高远，做事才有忍劲，轻易不会放弃，有决断，能坚持，胜不骄，败不馁，越挫越勇，则大事可期。

真正的高手，必须具有狼的坚忍，从不轻举妄动，只有在胜券在握的情况下，才会发动最后致命的一击；如果不行，即便是在雪地里忍饥挨饿啃冰碴子，也要耐心守候，等待猎物露出破绽——因为它坚信，只要等下去，破绽就一定会出现。此时此刻，从猎物那面来讲，千万不可以将狼的坚忍误认为是厚道是仁慈，或者因为不能把你怎么样而远遁，因为狼的本性是绝对不会改变的，它之所以蛰伏是因为它知道自己饿得太久，实在没有多余的本钱跟你拼体力，它的体内积蓄的力量，只够一招封喉，所以它不得不等待，等你放松心防，露出破绽。

孟子说："故天将降大任于斯人也，必先苦其心志，劳其筋骨，饿其体肤，空乏其身，行拂乱其所为，所以动心忍性，曾益其所不能。"这种"动心忍性"的思想方法，一向被视为代代沿袭的民族精神。越王勾践为了报仇，卧薪尝胆，曾使历代人为之感动。

"忍"，积蓄着自强不息的力量。

从不轻言放弃

曾国藩认为：真豪杰从不轻言放弃。天下事无所为而成者极少，有所贪有所利者居其半，有所激有所逼而成者居其半。天下事焉能尽如人意，古来成大事者，非坚忍无以得善果。

所谓坚忍，既包含着坚持不懈的拼劲，也包含着忍辱负重的意味。所谓坚忍可以归结为：坐得住冷板凳，吃得起苦，耐得烦劳，忍得住闲。

古人说："天下事不如意者十常居八九。"这话不无道理。在生活的海洋中，事事如意、一帆风顺地驶到彼岸的事情是很少的。或学习上遇到困难，或工作中受到挫折，或生活上遭到不幸，或事业上遭到失败，这些都有可能发生。当不幸的命运降临到我们身上的时候，我们应当怎么办呢？

唉声叹气，自叹"时乖运舛"，自认倒霉，这是一种态度。在打击和磨难面前，仅仅停留于无休止的叹息，不会帮助你改变现实，只会削弱你和厄运抗争的意志，使你在无可奈何中消极地接受现实。

悲观绝望，自暴自弃，这也是一种态度。一遇挫折就悲观失望，承认自己无能，这是意志薄弱、缺乏勇气的表现，也是自甘堕落、自我毁灭的开始。用悲观自卑来对待挫折，实际上是帮助挫折打击自己，是在既成的失败中，又为自己制造新的失败。在既有的痛苦中，再为自己增加新的痛苦。

怨天尤人，诅咒命运，这又是一种态度。现实总归是现实，并不因为你埋怨和诅咒它而有所改变。遇到不幸的事，就恶语诅咒、怨天尤人，这是最容易的，但却是最没有用处的。埋怨和诅咒人人都会，但从埋怨和诅咒中得到好处的人却从来无有。

在生活中的不幸面前，有没有坚强刚毅的性格，在某种意义上说，也是区别杰出者与庸人的标志之一。曾国藩主张，在厄运和不幸面前，不屈服，不后退，不动摇，顽强地同命运抗争，在重重困难中冲开一条通向胜利的路，努力征服困难。

一个人能在任何情况下都勇敢地面对人生，无论遭遇到什么，依然保持生活的勇气，保持不屈的奋斗精神，他就是生活中的强者，一个真正刚强的人。相反，有些人在挫折、失败或其他生活不幸事件的打击面前，之所以一蹶不振，精神崩溃，弄到十分可怜的地步，原因之一就在于缺乏坚强刚毅的性格。

没有一个人生而刚毅，也没有一个人不可能培养出刚毅的性格。我们不要神化强者，以为自己成不了那种钢铁般坚强的人。其实，普通人所有的犹豫、顾虑、担忧、动摇、失望等等，在一个强者的内心世界也都可能出现。

曾国藩也曾想到过自杀，但这并不排除他是坚强刚毅的人。刚毅的性格和懦弱的性格之间并没有千里鸿沟，刚毅的人不是没有软弱，只是他们能够战胜自己的软弱。在培养“强硬”的性格方面，曾国藩从历代古人身上借鉴了很多经验。

被楚庄王拜为令尹的孙叔敖，具有政治、经济、军事等多方面的卓越才能，然而他的仕途也并非一帆风顺，他曾经几起几落，但他“三为令尹而不喜，三去令尹而不忧”。的确有宰相风范。

在人们的心目中，诸葛亮简直可谓神仙一样的人物。可是细读过《三国演义》的人，都不难发现：诸葛亮原来是个常败统帅。他不仅有“弃新野，走樊城，败当阳，奔夏口”的败迹，而且大败仗打得也不少，尤其是他晚年全力以赴组织的六出祁山，也都以失败而告终。

诸葛亮尚且如此，何况普通人呢？所以说，任何一项事业要取得成就，都难免要遇到困难和挫折。欲成就大事业者，能否经受住错误和失败的严峻考验，是一个非常关键的问题。缺乏决心和信心常成为成功的最大障碍。

我国古代“愚公移山”和“铁杵磨针”的寓言故事，都说明了坚定的性格对于取得事业最终胜利的重要意义。一个人如果没有向目标锐进的坚定意志，他的劳动就不可能是完全有成效的。许多人在事业中遇难而退，半途而废，以致功亏一篑，其教训就在于缺乏坚定性。

正因为依靠百折不挠的精神，屡败屡战，如履薄冰，不断地走出逆境，不断地积小胜为大胜，曾国藩终率领湘军，会同左宗棠、李鸿章等指挥的部队，逐渐实现了对太平天国的“天京”的战略包围，并在同治三年六月，攻破了天京，取得了最终的胜利。

历经挫折的磨炼，才能具备坚毅的品性，迎接更大的挑战，取得成功。事业越大挫折就会越多、困难就会越多，你能不能够在这样的挫折和失败中挺下来？永不言败、永不言退，这是曾国藩和湘军成功的一个最坚实之所在。

失意而不丧志

在人的一生中，不得意的事十有八九，不可能永远一帆风顺，这些不得意包括事业上的、情感上的、工作上的、家庭上的……失意对很多人来说意味着一种痛苦，他们把自己陷在这种痛苦当中无法自拔。无可奈何之际，只能以消极颓废的态度对待事情，心态也在这种压力下出现了扭曲，甚至有些人从此对人生就完全放弃了。

现实生活中失意者的例子对我们来说并不陌生，他们或是因为事业上的一次失败不得志，或是因为被所爱的人抛弃，或是家庭出现变故，就采取自暴自弃、消极悲观的态度对待生活，更有甚者选择死亡来面对挫折，生活在他们眼中已经变得毫无意义了。

起初，我们听到这些故事时，都会对这些人产生同情，觉得他们很不幸、很可怜，他们的故事也深深感染着我们的情绪，并为此而心痛。但等见多了这种事情之后，我们对此的看法就会大为改观，对他们的认识也会发生新的变化，说不定还会对这种行为产生一种不屑的反感。失意固然会带来痛苦，但是最好不要将其轻易吐露出来，因为这样会产生很多副作用，不管你当时是有心还是无意地吐露。

首先，将失意暴露出来会让人对自己产生一种软弱无能的负面印象。虽然失意是一件很普通的事情，每个人都会有遇到的时候，但是如果别人正在得意的时候而你正经受着失意的痛苦，那么你的能力就会被人怀疑，他们会认为你是个没有能力的人，要不然失意的人为什么就是你？他们也许不会当着你的面表达他们的想法，但在心里已经这样认定了。即使别人此时对你表现出善意的安慰和同情，那也是因为觉得你很可怜，把你当成一个无助的可怜虫，这同样不会对你有什么好处。

其次，会对你在众人心里的社会形象形成不良的影响。如果你经常处于失意的状态，或者你某次的失意已经让太多的人都知道了，那你在大家心目中的形象就会打上“失败者”的烙印。众口铄金，积毁销骨，传言是很可怕的，有时即使是小小的失意，到别人那里也会成为很大的失败。每当大家在一起提及你的时候，这些事情就会不由自主地在大家的脑海里出现。现实社会是残酷的，上天不会同情失败者，毫不相干的人更不会无缘无故地同情你，如果你失败了，你只能通过自己的努力来创造机会，或是从自身着眼改变自己。

当然，失意的时候也不要只把事情闷在心里，那样是很容易给心理和身体造成伤害的。要找准对象、把握好时机来倾吐内心的郁闷和不快。

首先，好朋友是你可以倾诉的对象。因为好朋友是最了解你的人。你的性格、你的优点、你的缺点好朋友都心知肚明，跟他们倾诉你的隐私是最安全的，就算是当着他们的面大哭一场也没什么不可以。

在别人看来，失意的时候述说自己的失意的人是弱者；得意的时候讲述失意，那就是勇者。他们会把你从失意走向得意的过程，当成是他们奋发励志的精神支柱。这样，你就比那些一辈子都是得意顺利的人还让他们钦佩和尊敬。

即使失意，也不能失去奋斗下去的意志和勇气，它们是你重新开始的动力。坚守这份动力，让自己在失意时能坦然归零，成功才会最终属于你。

美国有一家著名的橄榄球俱乐部，在20世纪80年代面临着严重的债务问题，整个球队的成绩出现明显下滑，参赛权也从参加顶级联赛降到了参加次级联赛，最终只能参加第三级别的联赛，辉煌显赫的战绩都成为了过去，成为了尘封的回忆。

当时俱乐部的主教练叫作杰瑞，是一个年近70岁的老人。他为球队的每况愈下感到痛心疾首，他不忍心就这样眼睁睁看着自己辛辛苦苦培养起来的球队解散。但是老杰瑞当着别人的面什么也没有说，只是坚持每天去把训练场上的器械整理好，把草坪打扫干净，像往常一样为球队做工作计划。球员们看到老杰瑞的行为后十分感动，都自发地组织起来整理器械、练习战术、加强训练。

皇天不负有心人，球队在几个月后的一次比赛中，将当地一支十分有名的球队打败，重新获得了那些久违的球迷的心，并且球队又成功地引进了资金。两年后，球队又成为顶级联赛的佼佼者，老杰瑞也成了球队还有球迷心目中的大英雄。记者问他是怎样挽救一个濒临死亡的球队时，他回答道：“每天的太阳都是不一样的，一切都能够从头再来。”

老杰瑞采用的就是零基管理方法，我国女排采用“从零开始”的训练方法也是一种零基管理。曾经有着五连冠的辉煌战绩，在这显赫的荣耀之后，中国女排却在世界排球史上沉寂了16年，当他们重新树立起“从零开始”的信念之后，才在世界体坛上重现了当年的辉煌和风采。

歌里唱道：“阳光总在风雨后。”不管昨日是风雨还是阳光，只有学会今天从零出发，才会创造出一片美好的世界。

归根结底，失意事情的发生最主要还是要归结于自身存在问题，当然也不能排除各种客观原因和外界环境的干扰。怨天尤人对于解决问题是毫无意义的。我们要学着把失败当成财富，从中总结经验教训，找到治疗自己创伤的良方。创伤过去之后再回头看，原来困难也并非那么可怕，它们总有过去的那一天，关键是不要因为一时的困难而抛弃了自己的远大志向和奋斗目标。

意志坚定堪成大事

李鸿章师从曾国藩伊始，他自恃有才，贪睡懒散，日常生活也无规律，因此，曾国藩有意要对他进行训导磨炼一番，以使他变得老成世故起来。

曾国藩日常起居颇有规律而富生趣，每天起早查营，每顿饭都必须等幕僚到齐后才开始。他认为这样做既有纪律的约束，又有道德的说教，这样才能锻炼人的意志，意志坚强的人才堪成就大的事业。

李鸿章对于这样严格的生活习惯很不适应，深以为苦。有一天早上，他假装头疼，没有按时起床。曾国藩接二连三派人催他起床，说一定要等齐人才吃饭，李鸿章见势不妙，披衣“踉跄而往”。他一入座，曾国藩就下令吃饭。

吃饭时曾国藩一言不发，饭后却板着脸给李鸿章讲了一个故事：

明孝宗弘治十四年（1501年），云南的思叠违抗朝廷政令，发动叛乱。云南巡抚奏请征剿。兵部尚书马文升上疏说：“现在朝廷内外国力困乏，灾异屡屡出现，靠什么去打仗呢？最好派朝中大臣去抚谕他。”文毅公倪岳（时为礼部尚书）说：“用兵的法则是，实力不足也要给对方显示出实力雄厚。按马公的意见去做，岂不是向天下人显示出朝廷软弱无力，使思叠知道后更轻视我们吗？派朝中大臣去抚谕成功了固然很好，要是抚谕他不听，那么下一步就不好办了。不如姑且派云南的大员中有威望的人前去抚谕，思叠就应当服从，如果他不服从，再商议征剿也不晚。”于是下令，派云南府参议郭绪和云南按察副使曹玉前往抚谕。

走了十几天，到达金齿卫（治所在今云南保山）。参将卢和所统率的军队距思叠所据之地有二里路左右，几次派人带着檄文前去抚谕，都被拘留。这时卢参将回兵到千崖，遇上了郭绪等人，把情况告诉了他们，并告诫他们切勿迫近对方。郭绪说：“我受国家大恩，报答就在今朝，如果照您的话办，哪里还有做臣子的节操？过去苏武留匈奴十九年还能够活着回来，况且这里的夷族怎能和匈奴相比呢！即使万一不能生还，也是臣子职分内的事！”有人对郭绪说：“苏武是以黑发人去，白发人还，您现在的头发已经白了，还能等头发再黑了回来吗？”郭绪满面严肃，不予回答。

这天，曹玉说他有病，只有郭绪单人独骑，带着几个随从上路，走了十几天，到达南甸宣抚司（在今云南腾冲县南）境，道路越来越陡险，无法骑马，于是步行披荆斩棘，用绳子拉着攀登前进。又走了十几天，到了一个大湖边，夏都（在今云南潞西县境）土司带着象舆前来，郭绪坐上，继续往前走。空中浓雾弥漫，脚下汲沙淤积，阴暗泥泞，而郭绪更加努力地前进。又走了十来天，到达孟濑（在今云南镇康县西南的孟定），离金沙江仅一天的路程了。郭绪派随员带着檄文渡过金沙江，向思叠说明朝廷招抚之意。夷人互相吃惊地看着说：“中国官也能来到这里吗！”立即调发夷兵率几万匹象和马，连夜过江，到郭绪的驻地，驾起长枪硬弩，包围了好几层。有个翻译哭着报告说：“贼兵很快就要放火杀进来了！”郭绪喝斥道：“你敢离间军心吗？”说着就拔剑指着翻译说：“明天渡江，你再敢说这话，定斩不赦！”

这边思叠见到朝廷檄文以后，对自己的成败祸福心里已经很明白，又听说郭绪这人意志坚强，就派几位酋长前来接受招抚令，并馈赠土产。郭绪谢绝了土产，邀请思叠面谈。面谈时郭绪先叙述了思叠的劳苦，又伸明他蒙受的冤枉，然后责备他的叛逆行为，凡听到郭绪这番话的夷人，都感动得俯伏在地下，痛哭流涕，请求收纳他们侵占的土地。郭绪答应了，夷民都叩头行礼，高呼万岁，欢声动地。郭绪趁此追问先前卢参将所派来人的下落，思叠把这些被拘留的人全放出来交给了郭绪。参将卢和收到郭绪的报告赶来时，思叠已经归还了土地撤兵了。

讲完了故事，曾国藩说:“郭绪此行成功的最大原因何在？他顽强的意志战胜了一切。回去想一想，你该怎么学习这种精神！”

从此以后，李鸿章忠心师事曾国藩，在老师的言传身教下，在个人修养及政治上都得到了曾国藩的着意栽培和极尽熏陶，他也逐渐成熟起来。

曾国藩一贯强调：意志和勇气非常重要，他不仅这样告诫弟子和家人，他本人在这方面也是身体力行的，这也是他至今受人敬仰的重要原因之一。

面对挫折，安之若素

遇事从容、决断冷静，是我们在关键时刻制胜的法宝。但是很多人却往往输在这样的关键时刻。

1965年9月7日，世界台球冠军争夺赛在美国纽约举行。夺冠热门人物刘易斯·福克斯一路遥遥领先，就在人们都以为他稳操胜券的时候，有趣的一幕出现了。一只苍蝇缓缓地落在主球上，刘易斯挥手赶走了苍蝇，不少细心的观众看到这一幕，发出了笑声。就在他俯身击球的时候，那只可恶的苍蝇又飞了回来，他在观众的笑声中再一次挥手赶走苍蝇。这时他的情绪受到了影响，有些烦躁。这只苍蝇似乎故意挑战他的忍耐力，当他回到球台准备击球时，苍蝇又飞了回来。观众席爆发出更大的笑声，这使得刘易斯·福克斯的情绪恶劣到了极点，他有些失去理智，这次没有用手，而是愤怒地用球杆去击打苍蝇。不幸的是，球杆触动了主球，裁判判他击球，他因此失去了一轮机会。

这样一来，刘易斯·福克斯方寸大乱，在随后的比赛中连连失利。他的失态激励了对手的斗志，约翰·迪瑞反倒愈战愈勇，迅速将比分扳平，又轻易超过了他，最终成为这场比赛的冠军。比赛结束后，刘易斯·福克斯不堪忍受巨大的心理落差，投河自尽。他的尸体被发现后，引起了轩然大波，人们认为他不是被对手击败的，而是被苍蝇打倒的。

这样的结果令人唏嘘不已。其实，如果刘易斯·福克斯能够在比赛中保持冷静从容的心态，不受苍蝇的影响，专心击球，当主球飞速奔向既定目标的时候，苍蝇自然不撵自走，飞得无影无踪了。他不懂得控制坏情绪，与苍蝇斤斤计较，反倒让坏情绪控制了自己的行动，最终输了比赛。接下来，又让失败的情绪肆意蔓延，最终自己结束了自己年轻的生命。

因此坦然、从容地面对生活中的不如意，懂得控制情绪，是我们生活必须具备的能力。

20 世纪 60 年代初，一位名叫霍华德的大学校长准备竞选美国中西部某州的议会议员。他才华横溢、博学多才、精明强干，有着丰富的工作经验，竞选获胜的几率很高。不料，就在他满面春风地投入竞选工作的时候，有一个对他很不利的谣言使他陷入了困境。据说，他曾在一次教育大会举办期间与一名年轻女教师发生过暧昧的关系。

谣言传入霍华德的耳中，他不禁勃然大怒，对这种莫须有的指责气愤异常，他抓住一切机会为自己辩解，害怕谣言的散布影响自己在选民心中的形象。由于他太在意这个谣言，每次召开集会，他都要先把这个谣言复述一遍，然后再极力澄清事实，以示清白。原本这个谣言只是在小范围内传播，很多选民并不知道这件事情。但是经过他的复述，越来越多的人知道了这件事，开始质疑他有欲盖弥彰的嫌疑，反倒开始相信谣言的真实性。有的人当面质疑他:“如果这件事情并不存在，为什么你如此的在意，百般狡辩呢?”这样一来，霍华德更加气愤，情绪完全失控，他的形象也就更加的狼狈了。

雪上加霜的是，霍华德的太太也开始相信这个谣言的真实性，原本和睦的家庭关系也受到了挑战，久而久之，夫妻失和的传闻也产生了。面对这么多问题，霍华德的情绪一度失控，再也无法坦然地面对公众，终于在竞选中落败，并且从此一蹶不振。

有的人因为不懂得控制情绪而惨败，但是有些就能够在逆境和困难中控制自己的情绪，给自己鼓励加油，终于走出困境。

一位名叫杰克的推销员，在工作中遇到了一名傲慢无礼又百般挑剔的公司经理，他巧妙地控制情绪，最终取得了胜利。

他们本来相约9点钟见面，但是杰克迟迟见不到负责这个项目的经理，接待员也不那么热情，在接待室白白等了1个小时之后，杰克终于忍不住问接待员，希望知道经理的日程安排。接待员没好气地回答："经理很忙，现在没空，等他有空自然会出来见你的。"

杰克觉得受到了污辱，非常生气，但是他明白克制情绪的重要性，他提醒自己：当你让愤怒占了上风时，你就会把自己置于不利地位而听任对手的摆布。于是，他一直默默地对自己说："不要生气。如果一个人生气了，他将会得到报应；如果你能保持冷静，那么你最终会占上风。"

当他重新冷静下来，突然意识到这是对方在有意为难自己，考验他的诚意。杰克又想："如果我真的生了气，我就很难在生意中发挥自己的能力了。"他继续鼓励自己，把这当成一个考验，而且要通过这个考验。于是他安静地坐着等对方。并且悠闲地翻看身旁的杂志，时间一分一秒地过去了，但他再也不觉得焦躁和愤怒。最后，那位难缠的经理从办公室出来礼貌地接待了他，并对他的工作能力表示出了极大的赞赏。

冷静、从容地面对生活中的不如意，保持一个健康良好的心态，始终笑对人生，是我们寻找快乐的源泉。

把困难和挫折当磨刀石

在忧虑与恐惧的困境中砥砺我们的锋锐，让我们获得斩钉截铁的力量。西点军人的可贵之处就在于他们敢于向忧虑和恐惧进攻。在进攻中，不断积聚克服恐惧与困难的经验与力量。所以，他们即使屡战屡败，也会屡败屡战。

有时候，我们的勇敢不仅会给自己带来力量，也会感染我们周围的人。这一点，在一个团队中显得尤为重要。据说，当年在拿破仑亲率军队作战时，只要他站在最前线，同样一支军队的战斗力，便会增强一倍。

西点军校的教学理念也赞同这一点：一支军队战斗力的强弱很大程度

上取决于统帅的勇气。如果统帅都对胜利毫无信心，甚至临阵脱逃，那么他率领的部队便会陷入混乱。由这一点出发，西点学员同样也非常清楚，他们的成就决不会超出他们勇敢所能达到的高度。让我们来设想一下，如果拿破仑在率领军队越过阿尔卑斯山时，只是坐在山脚下说："这件事太冒险了。"那么无论如何，拿破仑的军队也无法越过那座冰峰。所以，西点学员自从进入校门就被灌输着这种冒险意识：无论做什么事，勇于冒险，都是达到成功所必需和最重要的因素。因为他们相信，不论才干大小，天资高低，勇敢都会给我们冲锋的力量。相信能做成的事，一定能够成功。反之，我们则会失败。

在《哈得逊周刊》的成功箴言里，同样曾经是西点军校的学生的史迪威将军这样写道："我之所以能够打那么多次胜仗，其实说起来也毫无秘密可言，因为我总能在兵败的恐惧中看到希望，因此全身充满勇气与力量。"的确，勇气可以说是成功的一半，只有敢于行动的人才能化险为夷。

同时，另一位西点学校的学生，当年在纳粹德国某集中营的一位幸存者弗兰克尔也曾经说过："在任何特定的环境中，人们还有一种最后的自由，就是选择自己的态度，用自己的态度激发最后的求生勇气。有时候，这种勇气会给你逃生的力量。"西点军校所倡导的勇敢、自信、自尊、敢于冒险的精神，使这所世界名校自建校起造就了4000多名将军和无数位企业家、文学家、艺术家。可以说，正是勇敢的精神筑就了西点军校的辉煌。

在这里，我们再复诵一遍罗马帝国的缔造者恺撒所说的话：

"相信自己，不停地摔打自己，勇于冒险开拓，你才能真正成为一只展翅翱翔的雄鹰。"

越挫越"硬"

"硬"字，曾国藩也称为"倔强"，他祖父星冈公曾教他，男儿不可"懦弱无刚"，他自己也认为，"功业文章，皆须从此二字贯注其中，否则柔靡不能成一事。孟子所谓‘至刚’，孔子所谓‘贞固’，皆以‘倔强’二字做出。”初出山时，曾国藩刀光闪闪，杀人如麻，人称“曾剃头”，不就是初试一“硬”字？在百端拂逆之际，艰苦卓绝之时，他也是“好汉打脱牙和血吞”。他的“结硬寨，打死仗”，“屡败屡战”不也是得力于一个“硬”字？

一个主张当曾国藩既经决定，并且认为是对的，那么无论环境如何恶劣，前途如何困难，他是勇往直前，不避艰苦，拼命地去干，从死路中求生路。这种精神用现代的话来说，就是“实干精神。”

细看曾国藩自从咸丰三年带兵以来，到打下安庆为止，在这个时期中，几乎可以说没有一天不在艰难困苦中。但他能从奋斗中求出路，终于获得最后的成功。他说：“困心横虑，正是磨炼英雄，玉汝于成。李申夫尝谓余怄气从不说出，一味忍耐，徐图自强。因引谚曰：‘好汉打脱牙，和血吞。’此二语，是余生平咬牙立志之诀。余庚戌、辛亥间，为京师权贵所唾骂；癸丑、甲寅，为长沙所唾骂；乙卯、丙辰，为江西所唾骂；以及岳州之败，靖港之败，湖口之败，盖打脱牙之时多矣，无一次不和血吞之。”

从以上几句话，可以看出曾国藩成功的秘诀，全是“硬干”，凡是不“埋着头苦干，吃着亏不说”的人，都是曾国藩所最瞧不起的。曾国藩对于他的兄弟，也常常以实干精神相勉。他说：

“来信每怪运气不好，便不似好汉声口；唯有一字不说，咬定牙根，徐图自强而已。

“申夫所谓‘好汉打脱牙，和血吞’；星岗公所谓：‘有福之人善退财，’真处逆境之良法也。”

所谓“实干精神”，不仅在得意时埋头苦干，尤其在失意时绝不灰心。有一次曾国藩的弟弟（曾国荃）连吃两次大败仗，曾国藩写信去安慰他说：

“从前的事就如昨天逝去，以后的事好比今天新生。要另起炉灶，重新打开新局面，开辟新世界，最近两次的大失败，不正可以磨炼英雄，使你大有长进吗？谚语谈：‘吃一堑，长一智。’我一生的长进，都在遭受挫折和屈辱的时候。你务必要咬紧牙，磨砺意志，积蓄力量，增长智慧，万不可以自灭其志。”

第三章 隐忍一时，蛰伏待机

有时实力不够，有时机会没到，为了蒙蔽对手，麻痹敌人，必须隐忍克制，蛰伏待机。一旦时机成熟，他们就会突然行动起来，迅速撕去伪装，化被动为主动。

以屈求伸，忍者无敌

任何事都不是一帆风顺的，布局也是如此，不可能事事都按自己的谋划发展。这时候，应该怎么办呢？一个字，忍。忍，是一种韧性的战斗，是一种永不败北的战斗策略，是战胜人生危难和险恶的有利武器。

20 世纪 80 年代，加拿大前总理特鲁多在下野后向邓小平请教复出的“秘诀”，邓小平的答案是“忍耐和信仰”。正是凭着这个“秘诀”，他三次被打倒，三次复出，而且一次比一次获得更大成功，被西方人称为“打不倒的东方小个子”。忍可以顶得住任何砖石的磨砺，可以经得起任何风雨的冲击。

正是这个“忍”字，使一度被打倒的邓小平再度复出，也正是这个“忍”字，教会了加拿大那位前总理人生的秘诀，使他在下野以后又重新焕发了政治生机，重新获得了总理的宝座。

在中国，“忍”字更成了众多有志之士的人生哲学。越王勾践也罢，韩信也罢，都曾忍受过常人难忍之辱，最终渡过了难关，成就了大业。清代金兰生《格言联璧》中说：“必能忍人不能忍之触忤，斯能为人不能为之事功。”

北齐的先祖高欢，字贺六浑，北魏孝明帝时期投奔大将尔朱荣，多年攻战，屡立大功。尔朱荣曾问身边的人：“如果有朝一日我不在了，谁可以接替我当主将呢？”大家都说他的儿子尔朱兆可以。尔朱荣表示不同意说：“尔朱兆最多只能指挥三千骑兵，再多一点便乱套了，能够代替我当主将的，只有一个贺六浑。”并告诫尔朱兆说：“你不是高欢的对手，终有一天要被他牵着鼻子走的。”

高欢被尔朱荣任命为晋州刺史后，开始自成势力，但他格外谨慎，防止被尔朱氏猜忌。不久，北魏皇帝元子攸杀掉了尔朱荣。以后尔朱兆杀了元子攸。当时葛荣起义失败，二十余万部众流入并、肆二州，尔朱兆问高欢有谁可去统率他们。当时在座的贺拔允说：“就请派高欢去吧！”高欢一听，立即一拳打去，打折了贺拔允的一颗牙齿，说：“从前天柱（尔朱荣）在世时，大家都像奴隶一样听从他的调遣，如今天柱不在了，天下事全凭大王（尔朱兆）做主。贺拔允竟敢在大王面前大胆放肆，真是罪该万死！”尔朱兆以为高欢尊敬他是出于真心诚意，便委任他去统率两州军队。

尔朱兆当时正处于醉酒状态，高欢担心他酒醒后反悔，立即趁热打铁，告辞出来后便公开宣布他已受命统带两州镇兵。随后又去对尔朱兆说：“并、肆地区连年霜旱，降户们都没吃的，请让我带着他们去山东就食。”尔朱兆又答应了他的请求。长史慕容绍宗谏劝尔朱兆说：“千万不能这么干呵，如今到处都是乱哄哄的，人人都在自寻出路，高欢是个心怀大志的人，一旦手里掌握了强大的军队，那还得了？”尔朱兆说：“高欢是我结拜兄弟，曾经有过香火盟誓，没什么可顾虑的。”尔朱兆终于还是让高欢出发往山东去了。

高欢从晋阳出滏口，途中抢了尔朱荣妻子乡郡长公主的二百匹马，尔朱兆开始有所醒悟，亲自率领人马从后面急追。追到襄垣，恰逢漳水暴涨，把桥冲坏了，两人隔河相望，高欢对尔朱兆说：“借公主的马，只不过为了防备山东的盗贼罢了，并没有别的意图，你如果硬要过河来打我们，我也就只好领着手下人叛变了。”尔朱兆赶紧声明，他同样没有恶意，随即离开部队轻马渡河，进入高欢的军帐，把刀递给高欢，伸出脖子说：“来，你把我的头砍下吧！”高欢大哭着说：“自从天柱亡故后，我贺六浑还有谁可以依靠的？只有祝愿大王你千秋万岁，我一定竭力为你效劳。如今旁人在你我之间挑拨离间，你怎么还说出这种话来！”两人于是又重订盟誓，结为兄弟。高欢手下人想趁势除掉尔朱兆，高欢说：“如果现在就将他杀掉，他的党徒必然会集结起来对付我们。我们眼下人饥马疲，是会顶不住的，不如暂时把他留下。他这人虽然有点力气，但不懂谋略，到了时机成熟时，要搞垮他并不难。”高欢的这一系列谋划，为他以后的发展打下了坚实的基础。

在羽翼未丰时，要忍；在陷入僵局，形势不明时，也要忍。笑到最后才能笑得最甜。

隐忍不理，看谁先急

关于袁绍及曹操在官渡之战的胜败原因的探讨有很多，这里仅就作战双方在博弈中的“耐心”和“耐力”来讨论，除了领导者的英明神武外，从属下的心理状况来分析，也可以得出结论。虽然战前已有十胜十败的经历，但是曹操军队在前线苦战却是不争的事实，而且战况相当激烈，打得难舍难分。袁绍采用土山制高点广射箭海，使得在曹操营区内行走都要使用厚盾遮住箭雨；袁绍挖地道想要奇袭，曹操也挖濠沟对抗。由此看来，谈不上谁占优势谁占劣势。这是一个双方僵持的局。鱼竿伸得很长很久，而鱼却迟迟不动。

后来曹操的阵营发生了缺粮的事，曹操甚至一度萌生退兵之意，但最关键的是曹操终究没有退兵。曹操写信向留守大后方的荀彧咨询意见，荀彧力主坚持。曹操也向运粮的士卒勉励:“再坚持十五天，等击败袁绍后，就不再使你们辛劳。”这就是曹操作为一代枭雄的过人之处，哪怕再艰难困苦，哪怕再饥寒交迫，既然入了局，就要坚持到底，殊死博弈。其实就一个字：熬！和对手熬下去！耐着性子钓袁绍的大鱼。

等啊等啊，艰苦地熬啊，鱼终于来了，袁绍的手下耐不住了，许攸的投降，使整个局面发生变化，由于从许攸身上曹操得到许多关于袁绍的宝贵情报，曹操因而能在乌巢劫粮，而使袁绍军势位居下风。曹操的耐心获得了机会，最终赢得了胜利。

一个局，从开始到结束，总有一个最难坚持下去的时段，在此关键时刻，谁坚持下去了，谁就钓到了对方的鱼。

1527年，英王亨利八世决定与他的妻子凯瑟琳解除婚姻关系，原因是凯瑟琳不能为他生一个男孩，而王朝的延续必须由男孩来继承王位。除此之外，还有一个原因，那就是他爱上了另外一个女人安妮。他希望安妮能成为自己合法的妻子。

凯瑟琳是西班牙国王斐迪南的女儿，因为娶了她，亨利才能得到其他盟国的支持。凯瑟琳拒绝与他解除婚姻关系，她依靠教皇克雷芝七世的支持继续住在皇宫。

这一年夏天，亨利八世向梵蒂冈申请与凯瑟琳的婚姻无效，但教皇克雷芝是支持凯瑟琳的。亨利八世完全不顾教会的反对，单方面宣布自己的婚姻无效。他有自己的策略，就是不再与凯瑟琳同床。

1531年，她被逐出宫廷，送到远方的城堡。教皇威胁亨利八世必须将凯瑟琳迎回宫廷，否则要将他逐出教会。这对亨利来说是很严重的处罚，但是亨利毫不在乎，他不再承认教皇的权威，而且着手与罗马天主教会决裂，并以英国国教取而代之，他自己成了新教会的首脑，如此一来，新成立的英国国教理所当然地宣布安妮为英国合法的皇后。1533年，他终于和安妮结婚了。

凯瑟琳也试图反击，但是亨利对她不闻不问。凯瑟琳身体状况渐渐恶化，在1536年1月就过世了。亨利八世完成了他的心愿，巩固了地位，再也没有人能够对他构成威胁了。

亨利八世用完全的蔑视和不理会使自己处于主动的位置，尽管对手既惊恐又恼怒，但是无法靠近，纵然有天大的本领也无济于事。

越在乎对手就越容易丧失主动性。因此，不要受对手的影响，保持自己的独立性。如果亨利与凯瑟琳纠缠，他就会陷入无止无尽的争辩中，这将让他精疲力竭。如果他准备说服克雷芝改变主意或者和他谈判，他就会受到克雷芝的控制。

欲望是一个奇怪的东西，你越想得到的，反而离你越远，变得不可控制；你对它的兴趣越高，失望也就越大。那为什么不表现出不屑和唾弃的姿态呢？这是非常有力的回应，对方会因为自身的欲望回应你的同时，他也就陷入了你的控制之中。

不予理会能增强自己的影响力，过分涉入则会削弱你的地位。面对微不足道的人，付出过分的关注和重视，就会让自己看起来微不足道。你在他身上花费的时间越长，损失也就越大。

20 世纪 30 年代美国发生经济危机的时候，罗斯福总统的政治对手认为他们找到了一个足以显示他是多么奢侈的事例：罗斯福极为宠爱及关注他的小狗法拉。批评者谴责他麻木不仁——有那么多美国人仍然过着贫苦的生活，他却将纳税人的钱花在小狗身上。但是罗斯福的回应是：批评者居然攻击一只没有防卫能力的小狗。对手的攻击让他获得更多的同情，因为许多人很自然地站在“落水狗”一边。从此，民众更加支持罗斯福总统，他们一起渡过了难关，迎来了经济的复苏。

对于琐碎繁杂、微不足道的骚扰和冒犯，最强有力的回应就是轻蔑和不屑，千万不要表现出受刺激后的愤怒。受到了冒犯，就用轻蔑来对待。与其忐忑不安地将注意力集中在某个问题上，显示出问题的严重性和自己的焦虑，还不如扮出不屑一顾的高贵姿态，忽略问题的存在。人们常常忍不住想要弥补自己的过失，但是越努力，过失往往变得越严重。有时候放任不管也是一种高明的处事手段。

三年不鸣，一鸣惊人

楚庄王是战国时楚国国君，在他即位的三年里，从不过问朝政，日夜沉浸在田猎与酒色歌舞之中，甚至贴出布告：“哪一个胆敢向我提意见，立即斩首，毫不宽恕。”其时，邻国不断前来侵犯，国内的许多大臣也贪赃枉法，玩忽职守。一些忠于国事的大臣很是忧虑。可是，谁也不敢向他进谏。

大夫伍举看到朝政日益腐败，心中非常着急，冒死进宫求见庄王。此人个子不高，但语言机智而又风趣。他知道，如果直接向庄王提出看法，必然会碰钉子，便想了个巧妙的办法。庄王好猜谜语，他就给庄王准备了一个谜语。

伍举来到宫中，只见庄王左右拥抱着美女，周围排列着乐队，正在调笑饮酒。庄王看见伍举来了，笑着说："你是来喝酒的，还是来听音乐的？"伍举说："都不是。我有一件事不明白，特地来请教大王的。"

庄王问："什么事？"

伍举说："附近山上飞来一只大鸟，已经三年不飞也不叫，不知是什么原因，也不知道这是只什么鸟？"庄王说："这不是一只平凡之鸟。它三年不飞，一飞必定冲上九重云霄；它三年不叫，一叫就会惊人。你去吧，你的意思我已经明白了。"

可是数月之后，庄王仍不改逸乐故态，荒淫无度的生活更加严重。大夫苏从认为这样继续下去，后果将不可收拾。他决心不用伍举的委婉方式，进宫直截了当地劝说庄王。

庄王说："你没有见到我颁布的命令吗？"

苏从说："见到过。我身为国家的重臣，享受着优厚的待遇。如果贪生怕死而不敢指出君王的过失，那不是忠臣。如果我的死能促使君王清醒过来，那我愿意一死。"

此语一出，楚庄王猛然起立，撤去歌舞乐队，立即临朝听政。他从此重用伍举及苏从两人，并经过调查核实，把在这三年中趁机营私舞弊的几百名官员尽数清除，把忠于职守的几百人予以提拔。庄王亲政以后，政治清明，百姓高兴。就在这一年，庄王兴兵灭庸（今湖北竹山），不久又起兵攻宋，缴获战车五百辆之多。楚国势力迅速强大起来。

善隐忍的人经过一段时间的掩饰潜伏，麻痹了政敌的警觉，一旦时机成熟，他们就会突然行动起来，迅速撕去伪装，毫不迟疑地向着预定的目标挺进。这种"三年不鸣，一鸣惊人；三年不飞，一飞冲天"的情况，常常使政敌出乎意料而猝不及防。

腹有宏图大略的政治家、谋略家，绝非每日喋喋不休地阐述自己的观点和见解，而是深谋远虑，恃重志成，看准机会再讲话，并且不讲则已，讲则服众。

事实上，在这三年的时间里，庄王并没有因游乐而迷失本性。他只是假装沉迷逸乐，以便观察官吏们的真心，选用真正忠心而又有才德的人来辅佐国政。在此期间，楚国也得到休养生息。三年一过，条件成熟，静极而动，一飞冲天。庄王用意之深，后来很少有人能及。

楚庄王于外洒脱果敢，形象英武。于内智谋深沉，心机细密，是春秋五霸中最具霸王姿态的人物。读者从“三年不飞不鸣”的故事中，也可领略到楚庄王的深沉与睿智。从卧龙先生久居南阳僻壤，未出隆中便提出三分天下，到明太祖的谋士朱升“高筑墙，广积粮，缓称王”的见解，无不证明“一鸣惊人”是一种重要的韬略。

局势不明，不可下注

“首鼠两端，模棱两可”的政治态度，往往与政治投机行为有着极为密切的联系。当争斗前景趋于明朗、争斗双方的实力对比产生明显差距之后，那些貌似公允的人便会改变不偏不倚的立场，极力挤入胜利者或强盛者的一方，政治“天平”也就开始出现明显的倾斜。例如那位“魏其言是也”、“丞相言亦是”、“唯明主裁之”的韩安国，在丞相田蚡占据上风之后，立即改变了模棱两可的态度，不仅不再坚持原来的立场，而且积极为田蚡出谋划策、主动参与了陷害窦婴和灌夫的活动。在实际政治斗争中，“首鼠两端，模棱两可”往往表现为政治投机行为之前的准备与过渡阶段。经过窥测风向、掂量轻重、观察事态之后，态度暧昧的过渡阶段便会过去，终将作出立场明确的政治抉择。这样的政客行为在现实生活中不乏其例，我们应当“师其故智”小心提防这类人物。

万历四十一年（1613），春闱大试刚刚落下帷幕，参加会试的四方学子焦急地等待着考试结果，发榜后，名列榜首的是宜兴才子周延儒。按照科举规定，接下来便是殿试，这位周延儒又独占鳌头，由皇上钦定为头名状元。当周延儒披红挂彩、身骑高头大马游历京城、招摇过市之时，人们方亲眼看见这位状元郎的风采，竟是位二十来岁的少年书生。

周延儒少年得志，机敏过人，他本人也自视甚高，一心想在官场中混出个名堂来。他的仕途也还一帆风顺，天启年间，周延儒被派往南京掌管翰林院，他为人机巧，善辨风色，在处理与东林党和阉党的关系时，他左右逢源，两面不得罪，虽与东林党人时有往来，却从未受到阉党的排挤，因而乌纱帽一直稳戴头顶；就是后来的东林党祸和阉党逆案，他也都圆滑地逃过了。

熹宗在位只有七年，便短命而死。崇祯皇帝登极后，坚决查处党私之徒，整顿朝纲，在惩治魏忠贤逆党之时，唯恐网疏有漏，凡是与魏忠贤集团有过一两次交往的人，一概连坐罢黜，一下子牵连进去百十余人。由于阉党一案惩罚的官员过多，造成朝官严重缺员，于是，崇祯将南京的一大批官员调回京都，各派其职。就在此时，周延儒也被召进京，升任礼部右侍郎。地位改变了，官职提高了，使他有机会能够接触皇上，他便利用这绝好的机会，察言观色、伺机而动，积极创造条件，为实现其夺取朝中大权的野心做准备。

崇祯元年（1628）的冬季，锦州边防军发生哗变。抚臣袁崇焕闻讯调查后得知，因军官们层层克扣粮饷，士兵们忍无可忍才采取这种过激行动，以引起朝廷的重视。袁崇焕在奏章中详细汇报了事件的起因、性质和危害性，建议朝廷从速补发粮饷，以解燃眉之需。

边地军心不稳，自然事关重大，崇祯皇帝紧急召集朝中大臣，在文华殿论证此事，商议办法。大臣们一致赞同袁崇焕的建议，请求皇上速发内帑，以解救边地之急。听了大臣们的意见，崇祯脸色阴沉，只是一言不发。崇祯虽然雄心勃勃、励精图治，致力于振兴朱明王朝，一心做个贤明君主。但是，他生于王朝的末世，从小在钩心斗角的皇宫内长大，目睹了一出出夺权争宠的丑剧，心里留下了浓重的阴影，从而养成他敏感多疑、刚愎自用的性格，加之他初登帝位，年纪轻、阅历浅，不善识人，所以处理朝政时往往失于明察，但他却偏要自作圣明。此时此刻，崇祯对锦州边防兵闹事的成因仍然疑窦丛生。

周延儒最是老谋深算，他非常了解崇祯的脾气，见崇祯对大臣们的意见不表态，早已揣摸透了皇上的心思。于是，他不慌不忙地站出朝班，发表了与众不同的意见，阴阳怪气地说："朝庭设立边防，旨在防御敌兵。不想，如今敌兵未犯，边防先乱。宁远哗变，连忙发饷，锦州哗变，又急忙给饷，倘若各处边关都来效仿，该当如何是好呢？"崇祯一听周延儒说出了自己所想，大为高兴，便问他有何上策，周延儒只回答道："此事有关边防安危，粮饷不得不发。只是，须得谋求一经久之策。"细想周延儒的话中意思，也不过是赞同发饷以息兵怒，并没有什么特别的高见。不同的是，他提出了一个"经久之策"的说法，就显得与众不同。其实，那个没有一点实际内容的说法，不过是他哗众取宠的借口，就这样，周延儒骗取了崇祯的好感，在皇上心里留下了一个急公负责、站得高看得远，能处置事情的好印象。崇祯当场褒奖了周延儒，而责怪了众朝臣。

过了几天，崇祯又把周延儒召到宫中单独密谈，商量给饷一事。周延儒再一次替皇上分析说："军饷首先是粮食，而山海关并不缺粮，那么军兵哗变，是为缺银，其中必有原因。恐怕是下属军官从中作梗、煽动闹事，以此要挟袁崇焕，迫袁崇焕向朝廷要银。"崇祯听后，大为赏识，感到周延儒分析情况真是入木三分。周延儒又一次受到皇上的青睐。

其实，此事与袁崇焕毫无关系，戍兵哗变，是由辽东巡抚毕自措置失当造成的，三个月后，袁崇焕才到达山海关，着手处理了善后事务。他以抚为先，罢斥了几个有责任的将领，斩处了十几个破坏性最大的肇事者，毕自引罪自杀。由此看来，周延儒的分析完全是自作聪明，毫无根据。

时隔不久会推阁臣，周延儒与温体仁早已觊觎入阁，但由于资历较浅，未被推荐，二人心中十分不满，便相互勾结，结成政治联盟，先由温体仁发难在先，继之以周延儒从中协助，旧案重翻，借题发挥，矛头所指，集中攻击钱谦益，使崇祯疑心此次会推掺有结党营私之嫌，从而否定了全部会推名单，并罢黜了钱谦益。通过此次事件，周延儒又进一步取得了崇祯帝的好感，不到一年，周延儒被"破格"任命为礼部尚书兼东阁大学士，准许参与机务，从此挤入了最高决策层。

但是，野心勃勃的周延儒并不以此为满足，为了达到独揽大权，夺取首辅地位的目的，他又施展了一系列的阴谋诡计，竟然可以不顾国家的利益，勾结温体仁，利用皇太极的挑拨离间诛心之计杀害了大将袁崇焕，其真正的目的在于除掉权势居于自己之上的钱龙锡、成基命等人，以便夺取内阁首辅的荣耀权位。

果然，袁崇焕一案了结后，周延儒的异己力量也被消灭。不久，他被加官晋爵，当上了太子太保，阁阶由东阁改为文渊，最后到武英殿大学士，真可谓一路顺风、青云直上，崇祯朝廷的大权，尽落权臣周延儒手中，明朝不可复权。

有鉴于此，在现实生活中，作为上位者一定要小心提防手下出现周延儒这样的小人，更不可高高在上脱离实际，以免坠入政客投机行为的彀中。另外，我们也要意识到，在信息不完全、局势不明朗的情况下，不要急于表态站队，切实做好自己的本分本职，才能少犯错误。

把仇恨放在心里

晋灵公是一位荒淫暴虐的君主，他从高台上用弹丸打人，以观看人们惊慌地躲避弹丸来取乐。厨师给他烧熊掌焖得不烂，他就把厨师杀掉，放在畚箕里，让宫女头顶着走过朝廷。赵盾屡谏，晋灵公恼羞成怒，在佞臣屠岸贾的撺掇下，派人去刺杀他。执行命令的大臣是个有正义感的人，不忍杀他，自杀而亡。赵盾在家臣的掩护下逃得性命。出城时，碰上打猎归来的赵穿。赵穿是赵盾的姐夫，与赵盾同族。他知道了事情的经过，就让赵盾暂避一时。之后他采用曲意逢迎之策，获得晋灵公信任。最后乘机杀了晋灵公。

赵穿见到晋灵公假意说："赵家人有罪，请罢我的职，再治我的罪。"晋灵公以为赵穿真诚，说："赵盾事与你无关。"赵穿又投其所好，让晋灵公及时行乐，多选美女，以供淫乐。晋灵公大喜，问他此事由谁去办，赵穿就说最合适的人选是屠岸贾。灵公就令屠岸贾到民间去选美。

支走了屠岸贾，赵穿劝说晋灵公到桃园游玩。又说，为了安全，要为晋灵公挑选卫士。晋灵公很高兴。赵穿精选可靠甲士，趁晋灵公吃酒行乐时刺杀了他，接着又把赵盾迎回来主持国政。

赵穿把仇恨埋在心里，投其所好，用阿谀奉承的手段，骗取晋灵公的信任，以间接的方式达到自己的目的。正直的人们一直把赵穿视为卑劣的行为。其实，这并非赵穿所独有，而是有着极其广泛的社会基础。政客们为了自己飞黄腾达，讨上司的欢心，迎合上司的心理，不择手段，好话说尽；商人们为了推销商品，取悦于顾客，曲意夸奖，笑脸逢迎。即使是些正直的人们，他们往往也间接地运用这种手段达到自己的目的。在日常生活之中，我们常常面临受到某些有求于自己的种种曲意逢迎之辞的包围，每每陷入窘境，甚至上了曲意逢迎之徒的当。所以须加警惕：“甜言之后有恶意，蜜糖之中掺砒霜”。

以失常掩盖正常

孙膑是战国时期的著名军事家，与庞涓同师鬼谷子，但在才智方面超过庞涓。鬼谷子因孙膑单纯质朴，对他厚待一层，偷偷地将孙膑先人孙武所著兵书《十三篇》传授给他。

庞涓当了魏国大将，孙膑到他那里去做事，他才知道孙膑在老师那里另有所得，更加嫉恨孙膑。他在魏惠王面前诬告孙膑里通外国，并请魏惠王对孙膑施以刖刑。孙膑的两块膝盖骨被剔去，无法逃跑。而后庞涓把孙膑关在一个秘密的地方，表面上大献殷勤，好吃好喝地供养。孙膑不知就里，还对庞涓感激涕零。庞涓乘机索要《孙子兵法》这本书。孙膑因无抄录手本，只依稀记得一些。庞涓就弄来木简，让他抄录。准备在完成之后，断绝食物，把他饿死。但是，庞涓派来伺候孙膑的童仆偷偷把庞涓的阴谋诡计告诉了孙膑，孙膑才恍然大悟。

孙膑是一个有着远大抱负的军事谋略家，他立即想出了一条脱身之计。当天晚上，孙膑就伪装成得了疯病的样子，一会儿嚎啕大哭，一会儿嬉皮笑脸，做出各种傻相，或唾沫横流，或颠三倒四，又把抄好的书简翻出来烧掉。庞涓怀疑他装疯卖傻，派人把他扔进粪坑里，弄得满身污秽。孙膑为了自己的远大志向，在粪坑里爬行，显出毫不在意的样子。庞涓又让人献上酒食，欺骗他说：“吃吧，相国不知道。”孙膑怒目而视，骂不绝口，说：“你们想毒死我吗？”随手把食物倒在地上。庞涓让人拿来土块或污物，孙膑反而当成好东西抓来吃。庞涓由此相信孙膑确实是精神失常了，疑心稍有解除。

此时，墨翟的弟子禽滑厘把他在魏国所见的孙膑的情况全部告诉了齐国相国邹忌，邹忌又转告了齐威王。齐威王命令辩士淳于髡到魏国去见魏惠王，暗中找到孙膑，秘密地把孙膑接回齐国。

嫉妒是一种不服、不悦、自惭、怨恨的复杂心理，是一种消极的心理品质，是一把杀人害己的"软刀子"。原本是同学，仅因为孙膑的才能和知名度远在自己之上，于是嫉妒之心使庞涓燃起了阴谋之火，虚构罪名诬陷孙膑。结果，孙膑被刑之以剜骨刺字，致残终身。

孙膑在身陷囹圄之时，冷静沉着，故意装得愚蠢疯傻，忍受巨大的耻辱与折磨，骗过庞涓，保住了性命。在马陵之战中，孙膑以卓越的军事才能，设计除掉了死对手庞涓，洗刷了耻辱。

打消对手的警惕

公元 239 年 1 月，魏明帝曹睿病死了，他的儿子曹芳即位。明帝死前，由于曹芳年仅八岁，不能理政，故下诏大将军司马懿和曹爽辅政。最初几年，两人之间还面和心不和地维持着，但从正始八年（247）后，两人的权利之争日渐表面化。曹爽的资历、名望、军事才能虽不如司马懿，但他是曹操的侄孙，有宗室之亲，故被封为大将军，在权利争夺中始终占着主动。曹爽见司马懿权势日重，而且又手握兵权，很是妒忌，伺机夺其兵权、控制朝政。果然不久，曹芳按照曹爽的意思任司马懿为太傅，明升暗降，命令他将军权交给曹爽、曹真兄弟。

司马懿知道这是曹爽从中捣鬼的缘故，内心虽然有一千个不愿意，但是圣命难违，便从此称病不去上朝。曹爽知道司马懿诡计多端，心中怀疑有诈，便派荆州刺史李胜到司马懿府中探听虚实。司马懿知道李胜来的用意，故意装做大病在身、神志不清、语言错乱之状。不一会儿，他又以手指口，侍婢会意端上一碗粥来。司马懿又假装喝不进口，边喝边流，十分狼狈。李胜见状，心中暗喜，回来报告曹爽。曹爽听后十分高兴，于是放松了对司马懿的戒备。

此时，司马懿正决定要除掉曹爽。他白日装病，夜间设谋准备，伺机而动。公元 249 年 1 月，魏帝曹芳祭扫高平陵，大将曹爽和他的兄弟们同行。司马懿得到这一消息，认为时机已到，决定发动政变。他首先以皇太后的名义下令关闭各个城门，尔后率军占据武库，又派军占领曹爽营地，解除其武装。接着，他又派人上书魏帝指责曹爽等人背弃先帝之命，败乱法纪，排斥旧臣，安插亲信且骄横日甚，怀有谋逆之心。为此，司马懿才不得不采取兵谏的办法，为国除害。但这封信落在曹爽手中，并未报告魏帝。司马懿又派人告诉曹爽，指出如其主动放弃军权，归降认罪，可保身家性命。曹爽兄弟见之慌张窘迫，不知所措。在走投无路之下，曹爽兄弟只好决定出降，上书魏帝，主动要求免除自己的官职，尔后侍帝回宫。此后不久，司马懿又以曹爽图谋叛乱，下令将曹爽兄弟及其心腹全部逮捕处死，诛灭三族。司马懿除掉曹爽之后，独掌了朝政，为以后司马氏篡权奠定了基础。

司马懿成功了，探讨一下他成功的原因，可以窥出决定政变成败的诸多因素：

等待时机。当司马懿被曹爽排挤之初，他完全可以和曹爽进行一番较量，但是他没有那样做，等了长达九年的时间。在这九年中，曹爽倒行逆施、腐朽无能的本质得到充分暴露，天下失望，人心怨愤，而司马懿却声誉日隆，被看成国家的柱石，舆论倾向于他这一边。

深藏不露。保密对政变至关重要，这个“密”，既指内心的秘密，也指行动上的机密。

假传圣旨。任何一个政变的发动者为了使自己的行为具有合法性，增加号召力，总要拉大旗作虎皮，说这是出于皇帝的旨意，或者为了保卫皇帝。野心家们为了达到目的，是什么借口都可以找出来的。

突然袭击。政变的酝酿时间可以很长，但政变的实施时间一定要短。要在对方全然没有准备的情况下，打他个猝不及防，速战速决，丝毫不能拖泥带水。

兵权问题。这是决定政变成败的头等大事，是任何一位政变发动者首先要解决的问题。政变既要以武力作后盾，也要以武力开路，暴露罪名。任何一方政变的发动者，为了显示自己是正义在手，总要暴露对手的罪名。如果对手的确恶名昭著，自可大肆宣扬；如果对手名不当罪，便添油加醋，无中生有，凭空捏造。军事谋略是为了消灭敌人，政治谋略是为了战胜对手，都是血淋林的事情。

司马懿故作病重垂危的姿态，从表面上看，其目的似乎只是为了应付上司的猜忌不安和同僚的嫉妒谗毁，是一种消极被动的自我保护手段。其实不然，这是一种有效的隐忍手段。

如果在政治斗争中彻底败北认输而不复他图，在宦海沉浮中自甘沉沦而万念俱灰，也就不存在隐忍的需要。只有在主观上具有强烈的进取精神而环境和时机等各种客观条件尚不具备的情况下，才会产生对隐忍之术的依赖。正因为如此，历史上善于隐忍的人大都有着极强的权欲野心或政治抱负。作为一种心术手段，隐忍之术常常被野心家、阴谋家所借用，成为他们实现私欲的重要凭借。野心需要隐忍作为掩护，隐忍的人必然隐藏着进取的野心。风烛残年、久卧病榻、奄奄一息、不久人世之人，即使不能令政敌产生恻隐之心，至少也可以使他们稍觉安心。

温水煮青蛙

商战中，吃掉对手的方法有两种：一种是吞食，也就是一口吃掉，好处是快速，坏处是对手会激烈反抗，成本较大；还有一种是蚕食，缺点是比较缓慢，好处则是对手不易警觉，成本较低。此外，可以先给对方一些甜头，使其入局，等他感觉不妙时，已成骑虎之势——犹如青蛙，把它扔到沸水里，它能跳走活命；如果把它放在温水里慢慢煮，它会舒舒服服地死掉。

孔祥熙通过自己所控制的官僚资本，像淌向干裂土地的流水，向实业界四面八方猛烈地渗透，然后把资本所流经的企业一一据为己有。华西兴业公司就是其中之一。

华西兴业公司是胡仲实、胡叔潜弟兄于 1932 年兴办的一个综合性公司。在西南广为人知，名噪一时。但胡氏兄弟并不满足于眼前的辉煌，他们打算再筹资金进行扩建。为了获得贷款，他们与财政部长孔祥熙联系。而孔祥熙当时也正想在西南扩充经济实力，多方面伸展自己的触须，现在华西找上门来他正求之不得呢。于是他亲率自己的几个干将与胡仲实、胡叔潜等进行正式商谈。

经过谈判和暗地里的调查，孔祥熙了解到华西是一条“肥鱼”，顿生吞并之念，便要助手傅沐波去华西探问他们是否愿意投资合办。

但当这问题传到华西的董监会上时，随即遭到有力的反对，认为这无异于“引狼入室”。孔祥熙得知后，虽感到气恼，但决不因此而轻易放弃。为了不让这条肥鱼溜进他人的盆中，孔祥熙急忙嘱孔令侃主持的中央信托局给予贷款。但只贷给少量的 60 万元，而华西所需的是 150 万元，这 60 万自然是杯水车薪，华西请求多增，但受婉拒。既然不行，也总比没有好，华西公司也只好先将这钱解决部分急切问题，比如建厂的基建工程，趁海路还畅通的时机，在国外订购一部分生产设备和材料。

钱当然很快就花光了，这是孔祥熙所盼望的。华西只好再向他续借，孔祥熙则有意刁难地说；“前账未清，碍难照准。你们还是回去吧。”华西自知现在他们已经进退两难了，工程已做了三分之一，一旦停下来又不知等到何年何月才能开工，损失将更大。孔早就料想到华西会有这一天的，现在主动权回到他的手上了，他可以随心所欲地牵着华西的鼻子走。于是他马上再派傅沐波与胡仲实等商谈，阐述官商合办的必要性，说抗战时期军需、民用钢铁的数量大，应当扩大建厂，以适应需要，也才有前途。并指出扩大建厂所需资金较巨，而贷款有限，难以成事，但这项事业关系抗战建国，政府和国家银行可以考虑投资官商合办。

华西见已无路可走，只好答应。孔祥熙听说后，非常高兴，连说："好！好！……"然后叫傅沐波请华西的主持人胡仲实、胡叔潜、胡子昂等到他的官邸来。见面后，孔祥熙竭力称赞华西在川中所办的各项事业均有成效，最后还暗示性地说："过去你们三位有相当的成绩，公司初办非请有经验的人主持不可。"

胡氏兄弟们听了孔的一番赞赏的话后，竟认为孔是可以依靠的大山，以为有了他就不愁以后没有出路；而孔所主张的扩大建厂，也与他们想建立一个举足轻重的大型钢铁企业的愿望相吻合，于是同意接受与官僚资本投资组合中国兴业公司。1939 年 7 月 1 日，中国兴业股份有限公司成立。华西人就只能这样眼睁睁地看着自己的企业被一步一步地蚕食掉，而毫无办法。

用心有术三

藏心

韩非子告诫那些当领导的："人主之患在于信人，信人则制于人。"

马基雅维利也认为："当遵守信义反而对自己不利，或者承诺的理由不复存在时，一位英明的统治者绝不能够，也不应当遵守信义。因为人是恶劣的，而且对你并不是守信不渝的，因此你也同样地无需对他们守信。"

可见，信任有时是会付出代价的。人与人之间常常是，你信不过人家，别人信不过你，你提防我，我担心你，可偏偏还离不开对方的支持，所以，不得不设法取信于人——向对方表明"我是有诚意的，值得信任的"。既然是设法取信于人，不是发自内心的，就是藏心。所谓藏心，即装，哄，做表面功夫。

第一章 无缘无故，为啥用你信你巴结你

如果你成功了，一定有人巴结你、讨好你；可一旦失败了，有些人就会像避瘟疫一样避开你。每个人都喜欢接近成功的人、走运的人，而避开失败的人、倒霉的人。有时即使是世界上你最爱或最爱你的人。

穷在闹市无人问，富在深山有远亲

饥则附，饱则翱；燠则趋，寒则弃，人情通患也。

明代富商沈万三，原籍吴兴南浔镇。小时候特别穷，连一件完整的衣服都穿不起，全身上下都是补丁，走起路来不是后面露屁股，就是鞋子前面露脚趾。街上讨饭卖唱的都不搭理他，在他面前都感觉特有尊严，用嘲笑的口吻叫他“光屁股”。

有一次，他实在饿极了，看见镇上一个店老板的儿子正坐在店门外吃甜糕，就笑呵呵地问：“兄弟，能不能给我吃两口，我实在饿坏了。将来我一定会加倍还给你！”店老板的儿子斜他一眼，说了一个字：“滚！”然后放狗咬他，追得沈万三满街跑，在人们的哄笑声中飞快地逃走。

后来，沈万三在外打拼，混出了名堂。他是中国明代的大富豪，富可敌国，连皇帝都知道他的名字。他出资帮助朱元璋营建首都南京，而且出资建了明城墙正阳门、三山门、通济门和聚宝门等处。当年那些不理他的人，现在都想跟他攀上关系，他家宅子的大门都快被挤破了。人们不惜重金贿赂看大门的家丁，都希望能见他一面。

可沈万三是怎样做的呢？他在街上摆了上百桌酒席，宴请当年和自己一样贫苦的乡亲，让大家都来吃个饱。一贫如洗、没米下锅的人，吃完饭还能分到五斤粮食加二十文钱。这时众人都竖起大拇指，夸赞他是全天下最有魅力的好心人！

《菜根谭》中说：“炎凉之态，富贵更甚于贫贱；妒忌之心，骨肉尤狠于外人。此处若不当以冷肠，御以平气，鲜不日坐烦恼障中矣。”人情的冷暖、世态的炎凉，富贵之家比贫苦人家更显得明显；嫉妒猜疑的心理，在至亲骨肉之间比外人表现得更为厉害。在这种情况下，如果不能用冷静的心态来看待，那就会天天处在烦恼的困境中了。

从全新角度来看，其实嫌贫爱富的人性推动着社会发展。如果人都喜欢穷、崇尚落后，那么还有谁愿意从事体力劳动？还有谁愿意进行脑力创造？哪儿来得吃的、穿的、用的和住的？哪儿来得新生活？这样，社会就会停滞不前，甚至倒退！

穷人大都喜欢说“人穷志不穷”这句话。他们认为只有贫穷才能使人更虔诚，信仰只有在贫穷那里才有最完美的表现，这种想法是错误的。害怕有钱就变坏，而不敢去挣钱，这是无能的表现，当你没钱时，可以骂金钱是粪土；当你急需用钱时，才发现自己是粪土。如果因为害怕老鼠，就说不能打老鼠，那是胆小、懦弱的表现。

在人类攀龙附凤的本性下，是否还有真正不掺杂任何功利的朋友存在？答案无疑是肯定的。时间能考验人与人之间的真情，正所谓“路遥知马力，日久见人心”。当你失去往日的财富权势，突然从高位跌到低处时，你们之间的友情还在不在？还真不真？是不是因为你对他没有任何利用价值，他就不理你了？这个时候，你就能准确地判断出谁是废铜烂铁，谁是你人生中真正的朋友。

能被人利用，说明你还有价值

对于人的本性，我们没什么可抱怨的。凡是存在的都是合理的，更何况是千年不变的人性呢？在市场经济条件下，人和人之间的关系是服务与被服务的关系，不是好人与坏人的关系。我们不应为此愤慨和不平。

一个资源多的人总是喜欢与另一个资源同样多的人进行交换。被人利用，至少说明你还有一点被利用的价值；反之，别人才懒得用你。

曲意而使人喜，不若直躬而使人忌；无善而致人誉，不若无恶而致人毁。

违背自己的心意讨好有权有钱人的欢心，乞求他们的恩赐，不如保持正直，并积极提高自己的能力，丰富自己的资源，让别人去嫉妒；没有值得称道的善行却让人赞颂，还不如没做坏事却遭小人诽谤。

小米家里很有钱，所以在小玩伴中，他的玩具是最多的。然而，大家一块玩的时候，他是最不开心的。我很好奇地问："你有那么多的玩具，为什么还不开心呢？"小米说："正因为我的玩具最多，所以常常有人抢我的来玩，可是他们却没有什么玩具给我玩。"我继续问道："在小伙伴中，你觉得谁是你真正的朋友呢？"小米回答："只有一个，他叫小云。""为什么跟他关系最好？""只有他从不抢我的玩具，每次都是跟我交换。"

从幼儿园开始，我们就开始有自己的一套选择朋友的原则了——都想跟比我们玩具多的人交往。换个说法，就是"攀龙附凤"。我们攀的是什么龙，附的又是什么凤呢？说白了，是那些资源多的人。

而那些资源多的人又是怎么想的呢？好了，现在让我们回到开头的小故事。一个玩具多的小孩，会把一个玩具数量跟他差不多并且经常跟他交换玩具的小孩当做真正的朋友。我们成人世界又何尝不是如此？资源多的人，更愿意跟那些资源同样多的人交朋友。那些资源少、常常依附于他的人让他心里不舒服——就像幼儿园小米说的那样"他们常来抢我的玩具"，世界上又有谁喜欢自己被"抢"呢？

所以，当你开始盘点自己的人脉关系之前，请先冷静地问问自己——你对别人有利用价值吗？

每个人都期望找到有利用价值的朋友。你手里的资源越丰富，身上可供人利用的地方越多，证明你越具有价值，而当你越有价值，就越容易建立强大的人脉关系——在某种程度上说，这就是人脉的真相。

曾经有人认为，保罗·艾伦是一位“一不留神成了亿万富翁”的人。其实，这是一种误解，真正的原因是因为他年轻时就与盖茨在一起，他们志趣相投，一起干事业。当初他们将一家名为微软的计算机软件开发公司在波士顿注册，总经理比尔·盖茨，副总经理保罗·艾伦，这就奠定了他的未来。

现在微软公司已成为世界上的一个巨无霸，总经理已成为人所共知的世界首富。副总经理在总经理的巨大光环下，虽然有些暗淡，但在《福布斯》富豪榜上也名列前五位，个人资产达210亿美元。也许，在世人的眼里，保罗·艾伦是被盖茨利用了，但是如果没有这种利用，他未必能够像今天这样有钱。

“利用”这个词，听起来好像很不舒服。在这里我们需要脱离其表层意思来理解，比如我们在公司工作，其实便是一种利用关系。因为我们身上有可利用的价值，像知识、技术、聪明的头脑、有力的双手等，于是就可以通过出卖自身的资源获得劳动报酬。这便是一种交换关系，也是一种利用关系。这种交换也是一种公平交换，你具备的资源越多，获得的报酬也就越高。

在一个主题为“创造财富”的论坛上，有一个人说：“请大家写下和你相处时间最多的6个人，也是与你关系最亲密的6个朋友，然后记下他们每个人的月收入，从他们的收入我就知道你的收入。为什么？因为你的收入就是这6个人月收入的平均数！”

大家都说他这是在胡言乱语，怎么可能呢？但经过测验，基本应验了这一“真理”。实在让人觉得不可思议，最后，这个人总结说：一个人的财富在很大程度上由与他关系最亲密的朋友决定。

为什么会这样呢？其实很容易理解，正是因为世人都偏爱公平交换，你交往的人资源都比较一般，所以你们之间互惠互利的资源十分有限，通过互利交换之后，你们大体上总的收入也就看起来相差无几了。这就是人际交往中的隐形法则——我们看不见它，但是它无时无刻不在起着作用。

犹太经典《塔木德》中说:“和狼生活在一起，你只能学会嗥叫，和那些优秀的人接触，你就会受到良好的影响，耳濡目染、潜移默化，渐渐成为一名优秀的人。”这句话的确是人类社会的“金科玉律”，所以，如果有可能，我们要与那些资源多的人、优秀的人交往，这样可以让我们学到更多东西。

然而这只是一种一厢情愿的理想模式。社会上只有少数资源多的人，大部分都是资源一般的人。这个时候，资源多的人对那些蜂拥而来的“朋友们”就会有不同的对待态度。如果前来交往的人拥有同样多的资源，他会满心欢喜、引为知己。如果前来拜会的人资源太过一般，那么他就会不屑一顾，表现得十分不乐意。

这个道理很容易理解，并不是你主动跟优秀的人交往，别人就会接受你。假设你几乎认识世界上所有重要人物，比如比尔·盖茨、马云、张艺谋等，这个时候你的人脉够牛吧？但如果你这个时候的身份只是一个乞丐，你想会出现什么情况呢？这就是说，虽然你认识这么多一流人物，但他们根本不睬你！你每天过的仍旧是穷困潦倒的三流生活！

这就是现实的残酷之处——没有任何一个总经理级别的人，会热情地和一个乞丐称兄道弟。如果有的话，这也一定是一个思维有些另类的人！换句话说，你认识优秀的成功牛人容易，但要利用到人家手里的资源可就难了！一个资源多的人喜欢与另一个资源数量、质量对等的人进行交换。唯有在这种情况下，公平交易才能实现。如果我们的资源不够多、不够好，充其量也就是一个“索取方”，完全成为对方的负担。如果你想与那些资源多的人交往，并且希望跟他们之间的友谊稳定持久，那么请先丰富你的资源。当你拥有的资源与他们大致对等时，他们就会非常乐意跟你打交道。

请牢牢记住这一点吧！别总是妄想一个资源多的人无偿为你服务，只有当你的资源与之相当，他才会真正把你当做朋友！

天下没有白吃的午餐

几百年前，一个老国王交给他最聪明的臣子一个任务：“你去给我编一本书，叫《各时代的智慧录》，以传给我们的子孙。”

这个臣子接到任务之后，就带着一批人去编书了。他花费了很长时间，整整编写了十二卷，几百万字。老国王看到他编好的书说：“我相信这是各时代的智慧结晶，但是它太厚了，我怕后人不能认真地看完，最好把它浓缩一下。”

臣子又精简了很多，最后将十二卷书精简到一卷。但是，国王还是认为有些长，又命令臣子去压缩。臣子无奈，把这卷书浓缩到了一篇文章。老国王还是觉得有些长。臣子不得不又进行浓缩，把一篇文章浓缩到一页，后来又把一页浓缩到一段，最终，浓缩到一句话。

老国王看到这句话，十分高兴：“各位爱卿，这可是各时代的结晶啊！只要大家抓住了这句话，所有的问题都迎刃而解了。”

这句经过千锤百炼的话，就是——天下没有免费的午餐！

磕磕绊绊成长到现在，许多骗子给善良的人们上过昂贵的“人生课”，这些都是血泪经验。我们要牢牢记住一个信条——天上不会掉馅饼，世界上没有免费的午餐！如果不是互有利益关系，谁也没有义务为你提供免费的午餐，就好像糖衣炮弹，蜜糖下包裹的可能是致命的毒药。

收下免费的午餐，就得收下伴随而来的诸多麻烦，这就叫“吃不了兜着走”。

是的，谁不想一夜成名、一夜暴富呢？这样就省得自己辛苦拼命了。但是这怎么可能呢？别人凭什么把自己辛辛苦苦得到的午餐送给你？换句话，你会把自己辛苦挣来的午餐给别人吗？如果觉得不可以，那么为什么相信别人可以做到呢？所以，与其把这些毫无根据的希望寄托在别人身上，不如自己去努力，挣自己的午餐。

一天，有位中年妇女走在繁华的马路上，突然看到路边不引人注目的角落里放着一个钱包。钱包的拉链敞开着一半，里面露出几张百元大钞。她顿时就动了心，上去把它拣起来。打开一看，里面有五千元钱。

这下可发财啦！她正想揣进兜里，旁边过来两个人，警告说：“这不是你的钱，我们也都看见了，要想不让我们告发你，就得分给我们一半！这样吧，你先把这个钱包藏起来，别让人发现了。现在你口袋里有多少钱，随便给点就行！”

她心想也可以啊，我口袋只有几百块钱，堵住他们的嘴巴，这些钱都全归我了！于是想都没想，把口袋里的钱全部掏给他们。等这两人走后，她越想越不对劲，重新把拣到的钱拿出来，对着太阳仔细一瞧——全是假钞！

骗子就是这么成功的。他们利用了人性中贪图非分之财的弱点，跟鸟儿和鱼儿被诱饵引上钩是完全相同的道理。小人欲有所图，就会抓住你对财富的贪欲，让你主动跳进他们事先设计好的陷阱。

社会是一个大林子，林子大了，什么鸟儿都有。在这个骗子林立的世界上，我们必须懂点明哲保身的学问。正因为如此，凡是电话、网络通知中奖，手机短信告诉领钱的，我们都应该一律不当回事。要知道，世上哪有这么美的事，都让你一个人赶上了？

其实，每个人身上本来就有别人可能有所图的地方，只是受害者本人也许不清楚自己到底能付出什么。这样的人在警惕性不足的情况下很容易上当。

免费的午餐会以很多形式出现，比如善意的面孔背后往往藏着恶心的要求，比如赤裸裸的交易，比如送上门的好事，然而接下来却麻烦不断……记住，没有人能不付出任何努力就得到好处，除非是陷阱。因此当遇到“免费午餐”的时候，一定要继续往前看看，是不是还有好大一个圈套在等着？

老实人吃大亏

凡是吃过亏、栽过跟头的过来人都喜欢说这样一句话：“忠厚是无用的别名。”也许太刻薄了一点，但如果我们仔细想一想，就会发现这句话绝不是空穴来风，更不是教人作恶的不良言辞，而是无数过来人在屡屡碰壁之后，归纳总结出的人生警句——他们都曾为此付出巨大的代价。

让我们假设一下：如果你过于忠厚和实诚，别人套什么话都一一作答，但等你问别人的时候，他却以各种各样的理由给予推托。过后的感觉就像被人扒光了衣服，而别人却穿戴体面地坐在车厢里笑你傻瓜！确实如此，在现实中到处可见被骗了还帮人数钱的人，他们回头还不忘说句“谢谢”。

林立，在外地生活了二十年后，却怎么也学不会社会上人的狡猾，更不会辨别他们的虚伪。林立曾经做过电器生意，总是因为过分地相信别人，不是被客户拖欠货款，就是被员工勒索盗窃。这种忠厚老实，在亲友们看来其实就是懦弱，经常被指责和埋怨。几经挫折之后，再加上患有心脏病，林立终于放弃做生意的念头，踏上去东北的火车，在黑龙江一家农场帮人打工，一直艰苦地生活着。

在这个世界上，每个人都为生存而奔波。我们逃避不了这个板上钉钉的现实。为了生存下来，为了生活得更好，我们有必要让自己智慧起来，有必要在复杂的社会关系之间游刃有余。因此我们要牢记的一条就是——做人不可太老实，否则很可能一辈子拼命奋斗而一无所获。很多人想不明白为什么自己勤奋一生而仍然不能富有起来？相信在这里能找到正确答案。

做人不可太老实，并非教人学坏的言辞，而是痛心教导世人在为人处世时要懂得弹性和技巧。要知道，历史上很多人就是因为过于忠厚实诚，轻易交心而泄露底牌，最终为自己惹来了杀身之祸。

汉文帝刘恒是个忠厚坦诚的长者，平易近人，为人大度，深受百姓们喜爱。在其晚年的时候，太子刘劭急于篡权，把文帝的玉像埋在含章殿前，诅咒他快死，好快点继位。刚开始，汉文帝蒙在鼓里不知道。但是不久，刘劭的奴仆陈天兴与婢女王鹦鹉私通被发现，让刘劭给杀掉了。与他一起埋文帝玉像施行诅咒的太监门庆国吓坏了，误以为自己肯定也要被灭口，就向文帝坦白告发了事情的真相。

文帝得知以后，又惊又气，派人搜查王鹦鹉家，获得太子的罪证。当夜，文帝与尚书仆射徐湛之密谋，准备废太子，还要赐死太子的同党小王爷刘浚。

眼看两个阴谋家就要完蛋了，因为皇帝只要一下令，这个局面也就定了。可是，这个轻而易举的胜局，竟然坏在皇帝自己身上。胸无城府的汉文帝一时晕了头脑，把此事一五一十地告诉了潘淑妃。潘淑妃是什么人哪？小王爷刘浚的养母！她爱子心切，秘密通知小王爷刘浚。刘浚马上派人速报太子刘劭。他们连夜起兵，进入皇宫，把文帝给杀了。

如果汉文帝能事先想想潘淑妃与刘浚的关系，以及刘浚与太子的交情，参透其中的利害，又怎会轻易泄露这么重要的机密呢？所以，仁慈诚实可以，但切莫在任何关键问题上都胸无城府、毫无戒备。这就告诉我们在说话做事之时，一定要看清对方是谁，了解他是什么性格，平时做事的特点是怎样的……这一切事先都要有个基本的分析，千万不可对谁都忠厚老实，动不动就掏心窝子！

特别是那些沉默寡言、喜怒不形于色的人，他的城府往往很深，心机也比较多，与之交往过程中就更需要注意——千万不能太急着把自己的信息暴露给他，因为你不知道他是善意还是恶意。如果说话做事太仓促、太缺乏考量，很容易被他抓住弱点，反过来利用你！

相信被欺骗利用的滋味没人愿意品尝吧？为了避免这样的下场，我们就要让自己“逢人且说三分话，未可全抛一片心”。这一忠告听起来好像很滑头，实际上并非如此，这是一种谨慎的处世态度。

我们跟人交往时，应该牢记一个原则——诚实但不当傻瓜，坦诚而不幼稚！

诚实但不当傻瓜，是什么意思呢？就是保证自己说给别人听的话大都是真实的，不含欺骗成分。但如果把自己的全部毫无保留地告诉对方，那你就是傻瓜了。比如做生意，你不弄清合伙人是什么人，不十分了解他的用意，然后就将客户信息泄露给他，这时他就会甩开你，直接去跟客户做生意。

坦诚而不幼稚，又怎么讲呢？世界上总有人心险恶的一面，我们要懂得把握分寸。如果总是怀疑一切，拒人于千里之外，说明你不够坦诚。但如果不管对方是什么人，都傻呵呵地跑过去掏心窝子，一厢情愿地以为会收到对方善意的回应，这就相当幼稚。

诚实与傻瓜之间的区别就在于此。这要求我们，对待不同的人，说话做事一定要有区别！逢人只说三分话，这三分都是真话，那七分不说的，也是真话。未可全抛一片心，抛出来的是真心，藏在心里的当然也是真心！所以在为人处世过程中，我们可以忠厚，但绝对不能当傻瓜，被人卖了还帮人数钱是可悲的，这种傻事千万不要落到自己身上！

第二章　信任是有保留的，守信是有条件的

孔子说："君子讲大信，却不讲小信。"孔子的弟子有子也说过："所守的诺言符合道义，就可以履行诺言。"由此看来，应当只看是不是符合道义，不一定非要讲求信守诺言。

马基雅维利也认为："当遵守信义反而对自己不利，或者承诺的理由不复存在时，一位英明的统治者绝不能够，也不应当遵守信义。因为人是恶劣的，而且对你并不是守信不渝的，因此你也同样地无需对他们守信。"

怎么能说明这个道理呢？

我们知道《合同法》中有一条规定：凡是与现行法律有冲突的合同或合同条款均可视为非法或无效合同，无需要信守。也就是说，守信是有条件的——首先不违法，其次不弃大义（秩序：上下尊卑、公平竞争），再次不悖于人伦道德，其下，不违背他人真实意愿和应得利益——凡有冲突，必须是后者服从前者，依次类推。

小信服从大义，小道理服从大道理

叶公曾对孔子说："我的乡里有个坦白直率的人，他父亲伤了羊，他便告发。"孔子说："我的乡里的坦白直率和你的乡里不一样，父亲为儿子隐瞒，儿子替父亲隐瞒，这才是直率。"

楚国围攻宋国，宋国向晋国求救。晋国的国君派解扬出使宋国，让宋国不要投降楚国，并告诉宋国："晋国已全军出动，就要赶到了。"解扬途经郑国时被郑国俘获，献给了楚国，楚王用丰厚的财物收买解扬，让他对宋国传达与使命相反的话。解扬应允了。待到解扬登上攻城的楼车，唤出来国的人．传告的却仍然是晋国国君命令他传告的话。楚王要杀他，并让使者对他说："你已经应许了我，却又背叛了你的许诺，这是什么原因？不是我不讲信用，是你背弃了诺言，只好立即请你上断头台。"解扬回答说："我听说过这样的道理：君王制定并发布正确的命令就是义，臣子承担并贯彻执行君主的命令就是信。臣下的信用必须以负载君主之义为前提，以此行事才于国家有利。故臣子的一切谋划，都不能损害国家利益，以此来捍卫自己的国家，这是卿大夫的本分。国君发布的命令，不能互相矛盾。臣下也不能执行两种互相矛盾的命令。你用财物来收买我，证明你不懂这个道理。我从我的君主那里接受命令出使宋国，只有以死报国，决不会使君命毁在我的手里，岂能用财富收买到呢？我所以假意应允你，是为了完成我们国君的命令，牺牲自己能完成君命，是做臣下的福分。我们君主能有诚信之臣，我作为臣下能够完成任务，是死得其所，此外还有什么可求的呢？"楚王听了这番话，便放他回归晋国。

韩非子说；"楚国有个直率的人，他父亲伤了羊，他去向官吏告发，宰相说：'一定要杀了他。'认为他是对国君忠诚而对父亲不忠诚，因而把儿子抓起来治了罪。由此看来，一方面是国君的忠臣，另一方面却是父亲的逆子。鲁国有一个人跟随国君去打仗，打几次逃几次。孔子问他为什么逃跑，他回答说：‘我家中有老父亲，我死了，就没人养活他了。’孔子认为他是孝子，向国君举荐他，因此受到重用。由此看来，一方面是父亲的孝子，另一方面又是国家的逃兵。所以宰相杀了告发父亲的人，楚国的坏人却未减少，而受到孔于称赞的鲁国人容易投降。从这可以看出，上层与下层的利益竟有如此的差异。因而国君既要推许百姓的利己行为，又企图求得国家的福泽，是必然不能实现的。”

《论语》上讲过：“(应该）讨厌那些以揭发别人来显示自己正直的人。”

齐国攻伐燕国，夺取了燕国十座城邑。燕王派苏秦出使齐国游说齐王，齐国把十座城邑又归还给燕国。苏秦回到燕国后，国内有人在燕王面前毁谤苏秦说：“苏秦是一个翻云覆雨的卖国贼，反复无常的奸臣，恐怕将来他会作乱。”

燕王觉得这话有道理，便在内心开始有意疏远苏秦，不想再重用他了。苏秦害怕被加罪，入见燕王说：“我本来是东周王城郊外的鄙野之人，并无半点功劳，可是大王在宗庙之内隆重地授予官职，在朝廷内给予我崇高的礼遇。如今我为大王退去齐国的军队，收回十城的国土，建立了大功，本应更加受到信任才对。可是我如今归来，大王却不加官于我，其原因，必然有人用不守信用的罪名在大王面前中伤我。然而，我的不守信用，正是大王的福分啊。燕王也曾对苏代说：‘我非常不喜欢欺骗人的话。’苏代回答说：‘东周的风俗是看不起媒人的，因为他们两头说好话。到了男方家中就说姑娘长得非常美，到了女方家中又会说男方家中十分富有。’然而，东周的风俗又不能亲自娶妻，而且，姑娘没有媒人说媒，即使老了也嫁不出去。如果不用媒人，到处去自夸如何美貌，那就会让人耻笑，更嫁不出了。只有顺应这种风俗，不说坏话，只说好话，既能把姑娘嫁出去，又不致招人耻笑，也只有媒人能做到。而且，如果不通权达变，事情一定办不成；不懂顺应形势，一定办不好。能让人坐享其成的，只有欺骗人的入网！”

苏秦接着说：“假使我守信用，就像古代民生那样，廉洁就像伯夷那样，孝敬父母就像曾参那样，以三个人那样的高洁品行来侍奉大王，你认为可以吗？”

燕王说：“那当然好啦！”

苏秦说："有这样品行的臣子，就不会来侍奉你了。孝敬父母就如曾参一样，抱定不离父母身边才是孝子的道理，连在外面过夜都不肯，你又怎能让他不远千里来侍奉弱小的燕国及其地位并不稳固的国王呢？廉洁自好就像伯夷那样，为了高义之名，连孤竹国国君的继承人都不愿做，连周武王的臣子都不愿当，甘心饿死在首阳山之下，你又怎能让他步行千里到齐国游说，建功立业来博取功名富贵呢？守信用就像尾生那样，与女子约会在桥梁下面的柱子旁边，女子未能按时赴约，大水来了也不离开，最后抱着柱子淹死了。这样的人，他怎么肯极力吹嘘燕国、秦国的声威以吓退齐国强大的军队呢？

"韩非说过：'许由、续牙、卞和、隋侯、务光这几个人，都是看到厚利不喜欢，遇到危难不畏惧的人。如果见到厚利也不喜欢，那么赏赐再重也不会对他起作用；如果遇到危难不畏惧，即使用严刑峻法来胁迫他，也不会达到目的。这就是人们所说的无法使用的人。连古时的圣明之君都不能使他们臣服，当今之世，他们又有什么用呢？

"再者，讲信义是用来完善自己的品行，而不是为别人效力的，是为自我保存而不是为建功立业的。然而夏、商、周三代圣王相继而起，齐桓公、晋文公、秦穆公、楚庄王、越王勾践相继称霸，都不是为自我保存，你认为自我保存是对的吗？那么齐王远在营丘（今山东临淄，当时是齐国都城）就足以使你不敢窥视边境之外的地方。过去郑国的子产向晋国报告入侵陈国胜利的稍息，晋国的国君问他：'为什么要欺负小国？'子产回答说：'根据先王的遗命，只看谁有罪过，而不管它是大国小国，都要治它们的罪。再说，过去天子的领地方圆千里，诸侯国的领地方圆百里，以下依次递减。而如今大诸侯国的领地大都已经方圆千里了。假如不侵占小国的领地，怎么能使自己的国土扩大呢？'晋国国君也就无法再责难他。

"再者，我还有老母亲远在东周故乡，我离开老母侍奉你，抛开自我保存之道来建功立业，我所追求的本来是不符合你的意愿的。你不过是只求自我保存之君，而我却是建功立业之臣。我就是人们所说的因为太忠诚才得罪了君主的人。"

燕王问道："忠诚守信又有什么过错呢？"

苏秦回答说：“你是不明白这个道理的。我有一个在远处做官的邻居，他的妻子有了外遇，在丈夫将要回家时，那个情夫很担忧，而妻子却说：‘用不着担心，我已经备下药酒等着他了。’过了两天，丈夫回来了，妻子就让侍者捧着药酒给他喝。侍者心想这是药酒，给男主人喝下去，就会毒死他；可说出真相吧，女主人就会被赶出家门，于是假装跌倒，把药酒全洒了。男主人大怒，用皮鞭狠狠抽打侍者。侍者泼掉药酒，对上是为保护男主人的生命，对下是为了保护女主人的地位。这样的忠心耿耿，仍不免于被主人鞭打。这就是忠诚过度的不幸啊！我所做的事，恰恰与那侍者倒掉药酒一样，也是好心不得好报啊。再者说，我侍奉你，是以高义希求有益于国，如今却有了罪，我怕今后来侍奉你的人，再没有谁敢坚守高义了。再说，我游说齐王的时候，并没有欺骗他，今后谁再为你游说齐王，恐怕都不会像我这样诚挚，即使有尧舜那样的智慧，也不敢听从他的话了。”

燕王说：“说得对。”于是重新厚待苏秦。

孟子说：“大人者，言不必信，行不必果。”他还说过：“言必信，行必果，硁硁然小人哉。”这些话都是说不问是非黑白而只顾实践自己的诺言并不能成为大人物，不能成为真正的“君子”，而只能是不明事理的糊涂虫。明智的人是既要守信，又懂得权变的。如“男女授受不亲”是原则，“嫂溺授之以手”便是权变。如果一个人死守“男女授受不亲”的原则，在自己嫂嫂掉到水里，快要淹死时也不拉她一把，那么他就成了见死不救的小人。同样的道理，对国家忠诚是根本原则，但在特殊情况下，可以不履行自己的诺言；例如晋国人解扬曾在楚王的威逼下承诺去向宋国传达与他肩负的使命相反的话，然而，他一见到宋国人，便立即违背诺言，仍然传达的是晋国国君的意旨。所以，他向楚王做的承诺便是为完成本国国君交付的使命而使用的诡计。从楚王的角度看，他不讲信用，但从晋国的角度看，他则是做到了“弃小信而守大信”。

我们在日常生活或工作中，往往也会遇到两难的情况，有些事情如果做了会违背做人的道义，而不做又会违背对朋友的承诺。在这种情况下，就应当弃小信而守大义，而不该弃大义而守小信，也不要幻想有什么两全之计，因为鱼与熊掌往往不能兼得。

有些事只能做不能说

俾斯麦 35 岁时，担任普鲁士国会的代议士，这一年是他政治生涯的转折点。当时奥地利是德国南方强大的邻国，曾经威胁德国如果企图统一，奥地利就要出兵干预。

俾斯麦一生都在狂热地追求普鲁士的强盛，他梦想打败奥地利，统一德国。他是个热血沸腾的爱国志士和热爱军事的好战分子。他最著名的一句话就是:“要解决这个时代最严重的问题并不是依靠演说和决心，而是依赖铁和血。”

但是令所有人惊异的是，这样一个好战分子居然在国会上主张和平。其实这并不是他的真实意图，他连做梦都想着统一德国。

他说:“没有对于战争的后果清醒的认识，却执意发动战争，这样的政客，请自己去赴死吧！战争结束后，你们是否有勇气承担农民面对农田化为灰烬的痛苦？是否有勇气承受身体残废、妻离子散的悲伤？”

在国会上，他盛赞奥地利，为奥地利的行动辩护，这与他一向的立场简直是背道而驰。俾斯麦反对这场战争有别的企图吗？那些期待战争的议员迷惑了，其中好多人改变了主意，最后，因为俾斯麦的坚持，终于避免了战争。

几个星期后，国王感谢俾斯麦为和平发言，委任他为内阁大臣。几年之后，俾斯麦成了普鲁士首相，这时他对奥地利宣战，摧毁了原来的帝国，统一了德国。

为什么当初俾斯麦赞成和平，而后来却主张战争呢？因为他意识到普鲁士的军力赶不上其他欧洲强权的实力，并不适合发动战争。如果战争失利，他的政治生涯就岌岌可危了。他渴望权力，对策就是持和自己意愿相反的主张，发表那些违背自己意愿的言论，瞒骗众人。正是因为俾斯麦这席谈话，软弱的国王才任命他为大臣，他才得以迅速爬升为宰相。一旦他获得了权力，就用武力统一了德国。

俾斯麦是有史以来最聪明的政治家之一，他善于权谋。在主张和平这件事上，没有人怀疑他的居心，如果他宣示了自己真正的意图，就不会有日后德国的统一。

袒露之心犹如一封在众人面前摊开的信。而潜藏隐秘的城府，无论巨大的还是微小的沟壑均可在其中沉淀深藏。含蓄来自于自我控制，能够保持缄默才能取得真正的胜利。明慎行事的关键在于内心的节制，要做的事不要讲出来。

许多人只要有机会就把自己暴露在别人的面前，把自己的计划与意图全盘托出。他们这样做有两个原因：首先，他们认为谈论个人感受与未来计划是自然而轻松的事，因而控制不了自己。其次，他们渴望得到别人的认同，展现自己的美好本质，其实这并没有错，但是要考虑到不同的环境和不同的对象。诚实在某些特殊情况下是一把钝器，只能让你受尽折磨，你的诚实对别人来说可能是一种冒犯。

辩识也会是一张“空头支票”

战国时期的楚怀王，就曾被纵横家张仪承诺的所谓利益骗得团团转。张仪在这个局里所承诺的利益，即答应给楚怀王的好处，就从来没有实现过，只是钓他上钩的诱饵。而楚怀王利欲熏心，头脑简单，连上了两次当。

齐楚联盟是秦国的心腹之患，而离间齐楚联盟，就成为秦向东扩张过程中的关键。于是，秦相张仪去拜见楚王。他对怀王说：“如果大王能够与齐国断绝关系，臣下将请求秦王把六百里地方献给楚国。这样，齐国就一定会被削弱，齐国被削弱了，大王就可以使役齐国。”楚王十分高兴地应允了。他被张仪承诺的利益迷住了。

回秦后，张仪称病三月不上朝，楚怀王得不到土地，以为秦嫌楚与齐断绝关系不够坚决。因此特派勇士前去辱骂齐王。齐王大怒，一面与楚彻底断交，一面派人入秦与秦王商议共同伐楚。目的达到，张仪出见楚国使者，告诉他“从某至某，广袤六里”送给楚王。

怀王看到承诺的六百里土地，到头来只兑现了百分之一，就非常生气，大骂张仪是出尔反尔的小人，气冲冲地要兴兵伐秦。结果楚军大败，战败消息传来，楚怀王气得发昏，简直恨死了那个言而无信的张仪。

秦国大败楚国之后，能够与其抗衡的国家就只剩下了齐国。公元前311年，秦国派人与楚国谈判：愿分汉中之地与楚，以同楚结盟。然而，怀王对张仪耿耿于怀，宁可不要汉中之地，而要张仪以解心头之恨。早就看出楚怀王弱智的张仪闻讯，欣然赴楚。张仪一到楚国，就被怀王囚禁起来，准备杀掉以祭先祖。但张仪使用种种手段，通过楚国大夫靳尚，向怀王夫人郑袖说情，郑袖请求把张仪放掉，与秦和亲。怀王受夫人蛊惑，又害怕得罪秦国，加上仍贪于土地，权衡再三，最后下令把张仪释放，并且还客客气气地招待他。

张仪又趁机用虚幻的利益来引诱怀王，他承诺说：“秦国出兵攻打卫都和阳晋，一定会堵塞天下的关口。大王出动全部军队去进攻宋国，不用几个月宋国就可以拿下来，拿下了宋国，然后一直向东，那么泗水边的众多小国就全归大王所有了。”

“现在秦国和楚国接境连界，本来是地缘亲近的邻国。大王如果能听取我的意见，我将让秦国太子到楚国做人质，楚国太子到秦国做人质，长久作为兄弟邻邦，永世互不攻伐。我认为没有比这更好的计策了。”

一席话说得楚怀王连连点头称是，楚怀王以为又有“利益”可得，于是马上同意与秦和好，并送走了张仪。不久屈原出使归来，问及怀王为什么不杀张仪时，怀王才明白自己又上了当。派人去追却为时已晚了。

张仪信口雌黄，向楚王大开“空头支票”，可把楚王害苦了。那么，楚王为什么屡屡相信他呢？剖析一个深层原因，我们就会得出结论，因为楚王害怕强大的秦国。张仪这个大骗子，身上笼罩着强秦的光环，楚王不敢与秦国翻脸，所以对张仪的许诺总是往好的方面想，宁可信其有，这其实是一种姑息的态度。

故露破绽，引人入局

在与人打交道的时候，如果时时刻刻都滴水不漏，反倒使人存有戒心。有意露出一些破绽，显露一些小缺点，更能使人感到可以信赖，可以亲近。

请看秦国大将王翦的例子：

王翦带领六十万大军将要伐楚，行前他请秦王多赐他良田美宅。秦王一一答应了。王翦的部将感到不解，王翦解释说："我手握重兵，出征在外，时间久了，大王如果听信小人谗言，难免会怀疑我有谋反企图。现在我向大王请求赏赐良田美宅，大王见我是个贪小便宜的人，就不会怀疑我是个大野心家了。"

适当显露出一些小毛病，会使别人放松戒心。

石显是西汉元帝时候的一个宦官，他聪明能干，善于奉承并猜测皇帝的心事，因而很受信任，被任命为中书令。中书令专管传达、宣布皇帝的命令，地位重要，权力很大，石显就利用这个机会，陷害那些反对过他的人，一批有才干、有名望的大臣，被他害得有的砍头，有的自杀，有的判刑，有的终身免职。

石显知道自己得罪的人多了，生怕别人在皇帝面前说他的坏话，就看准时机，故意弄出些小事情，取得皇帝的信任，这就等于给皇帝打了预防针，从此别人再说石显的坏话，皇帝就听不进去了。

有一次汉元帝派他出宫办事，他动身前先对元帝说："今天要去的地方很多，恐怕回来太晚，宫门关了，请皇上命令守门人到时开门让我进来。"元帝同意了。这天他故意拖到很晚才回来，宫门当然关了，他就大声对守门人说："皇上命令我出去办事，允许我晚些回来的，快开门！"过了几天，果然有人上奏章告发石显假托皇帝的命令开宫门，汉元帝笑着把奏章拿给石显看。石显流着泪说："皇上偏爱我，信任我，大臣们都非常嫉妒，想方设法陷害我。今天这件事幸亏皇上知道真相，不然我浑身是嘴也说不清啊，以后这样的事情肯定还多，我官职小，地位低，哪是这些大臣们的对手！你还是免掉我的中书令，让我干些粗活，免得得罪这些大臣，也好多活些日子，多服侍皇上几年吧！”汉元帝看他说得那么可怜，心里很难过，几次好言好语地安慰他，还赏了他很多财物。从此，汉元帝更加信任石显，大臣们更不敢说石显的不是了。

毒药之外必有糖衣

中国古代，郑武公决心攻占逐渐强大的胡国。这个计划他已经密谋很久了，为了迷惑胡国，他还把女儿嫁给胡国国君。他征询大臣意见："我们现在应该征讨哪国？"

一位大臣回答："最好的目标是胡国。"这其实和郑武公心里想的一样，但是他却表现出震怒的样子，说："你居然提议去打我们的兄弟之邦？"这名大臣因此被杀头。

胡国国君听到了这个消息，立刻就放松了对郑国的戒心。没过多长时间，郑国军队趁虚而入，占领了胡国。

与上面的故事相似，3000多年以前，古希腊人想要夺回被巴里斯王子劫持走的美女海伦，并且想要摧毁巴里斯的城市特洛伊。战斗持续了10年，许多英雄因此而丧命，但总是不能取得胜利。

预言家卡喀斯告诉希腊人："单靠武力是无法攻占特洛伊的，我们必须想出巧妙的计策。"希腊领袖奥狄赛于是命人建造了许多木马，然后把马肚挖空，让士兵躲在里面，把木马当成礼物送给特洛伊人。半夜时分，士兵从马肚子里出来，就像从天而降一样，敌人惊恐万分。他们最终攻陷了特洛伊城，希腊人10年的苦苦战斗也比不上一份礼物。

许多骗术往往先予后夺，让对方吞下用糖衣包着的毒药。给予可以采用很多种形式：真诚的礼物、慷慨的举止或者亲切的实惠等等。

多年来古罗马人围攻法利斯坎人的城市总是失败，然而有一天，罗马大将卡米鲁斯扎营在城外，突然看见一名男子带领一些小孩走过来。这名男子是法利斯坎的教师，而那群孩子原来是城内最高贵、最富裕市民的子女。法利斯坎教师领着他们，假装要带孩子出外散步，然后直接走向罗马人，意图奉献他们为人质，想讨好卡米鲁斯。

卡米鲁斯没有留下孩子当人质。他脱去教师的衣服，将他的手反绑在背后，给每一个孩子一根棍子，让他们一路鞭打教师回到城里。这一举动立刻震动了法利斯坎人。假设卡米鲁斯利用孩子当人质，部分市民会投票赞成投降；而且即使法利斯坎人继续战斗，他们的抵抗也会因为不能团结一心而失败。卡米鲁斯拒绝利用这样的优势瓦解法利斯坎人的抵抗，而是用他们意想不到的施恩的方式诱使他们投降。卡米鲁斯的算计完全是正确的，他赢得了敌人的信任与敬重，解除了他们的防卫心理。选择性的仁慈往往可以击溃最顽强的敌手——目标瞄准“红心”，以博取感情的方式侵蚀敌人反击的意志。

诚实可以解除别人的戒心，但只靠诚实是不够的，它并不是唯一的方法。任何一种高贵无私的举止都能达到相同的目的，不过其中最有效的是慷慨大度。礼物从来就是和利益联系在一起的，明明知道这种利益关系，但礼物总是让人难以拒绝。这就是武装在礼物面前容易瓦解的原因。礼物会诱使人们放松警惕。很少有人能看穿一份礼物里所包含的权谋和利益意图，然而送礼的人经常是别有用心的。

骗子最常用的方法就是转移注意力，这是欺瞒的本质。亲切、大方或诚实的举动往往是让人分心的最有效方法，这样可以把别人的疑虑转移到其他事情上去。

鲁斯提伯爵居然把艾菲尔铁塔卖给了一名实业家。他告诉这名实业家说：“法国政府要把铁塔卖掉，这可是千载难逢的机会，谁拥有铁塔，谁就会是未来最富有的人。”这名实业家动心了，很快就把钱交给了扮演成政府官员的鲁斯提，然而到了最后关头他开始怀疑了。在打算交钱的会面中，鲁斯提也感觉到他的怀疑。

于是，鲁斯提悄悄地对实业家说：“我的薪水实在是太低了，我现在负债累累，我太需要钱了。”实业家从他的话里感觉到他在索贿，因此觉得自己可以信任鲁斯提的身份了：因为在人们印象中，政府官员是既贪婪又虚伪的。在他看来，鲁斯提一定是真的政府官员。这个实业家就这样陷入了有史以来最荒诞的骗局之中。

制造假象借机敲打

有些身居高位者，为了突显自己的重要性，会人为制造一系列矛盾或问题，这些矛盾和问题对于对方非常重要，往往直接关系到他的身家性命，而这些矛盾和问题离了高位者又解决不了。这样，他就必须完全依仗高位者，高位者便完全掌握了主动。比如南宋奸相贾似道为了巩固自己的权位，就曾经不惜在军国重事上制造假象，打击政敌，以达到一己之私的目的，这种做法不得不引人深思。尤其是当我们遇到别人夸大困难矛盾时，要小心对方是否别有所图。

贾似道是如何得逞的呢？

第一步，把问题扩大化

宋理宗过世后，度宗即位。度宗本是理宗的皇侄，因过继给理宗为子而即位，时年 25 岁。度宗上台之后，曾一度亲理政事，限制大奸臣贾似道的权力，显得干练有为，确实干了几件好事，朝野上下为之一振，觉得度宗给他们带来了希望。贾似道的权力受到了极大的限制，有人上书弹劾贾似道。贾似道看到，如果这样下去，自己将会有灭顶之灾。

于是，贾似道精心设计了一个巨大的阴谋，以军国重事为儿戏，用心叵测。

他先弃官隐居，然后让自己的亲信吕文德从湖北抗蒙前线假传边报，说是忽必烈亲率大兵来袭，看样子势不可挡，有直取南宋都城临安之势。度宗正欲改革弊政，励精图治，没想到当头来了这么一棒。他立刻召集众臣，商量出兵抗击蒙军之事。宋度宗万万没有想到，满朝文武竟没有一人能提出一言半语的御兵之策，更不用说为国家慷慨赴任，领兵出征了。这时，贾似道却隐居林下，悠哉游哉地过着他的隐士生活。

第二步，自己再出面解决问题

前线警报传来，数十万蒙古铁骑急攻，都城临安急需筑垒防御，这一切，使得度宗心惊肉跳，他不得不想起朝廷中唯一的一位能抗击蒙军取得"鄂州大捷"的英雄贾似道。他深深地叹了口气，在无可奈何之下，只好以皇太后的面子，请求贾似道出山。谢太后写了手谕，派人恭恭敬敬地送给贾似道。这么一来，贾似道放心了。他可得拿足了架子再说，先是搪塞不出，继而又要度宗大封其官。度宗无奈，只好给他节度使的荣誉，尊为太师，加封他为魏国公。这样，贾似道才懒洋洋地出来"为国视事"。

贾似道知道警报是他令人假传的，当然要做出慷慨赴任、万死不辞，甚至胸有成竹的样子。他向度宗要了节钺仪仗，即日出征，这真令度宗感激涕零，也令百官惶愧无地。天子的节钺仪仗一旦出去，就不能返回，除非所奉使命有了结果，这代表了皇帝的尊严。贾似道出征这一天，临安城人山人海，都来看热闹。贾似道为了显示威风，居然借口当日不利于出征，令节钺仪仗返回。这真是大长了贾似道的威风，大灭了度宗的志气。等贾似道到"前线"逛了一圈，无事而回，度宗和朝臣见是一场虚惊，额手庆幸尚且不及，哪里还顾得上追查是谎报还是实报呢。

第三步，借机好好敲打一下对手

贾似道"出征"回来，度宗便把大权交给了他，贾似道还故作姿态，再三辞让，屡加试探要挟，后见度宗和谢太后出于真心，他才留在朝中。这时，满朝文武大臣也争相趋奉，把他比作是辅佐成王的周公。通过这场考验，年轻的度宗对朝臣完全失去了信心，他至此才理解为什么理宗要委政于贾似道。原来满朝文武竟无一人可用，贾似道虽然奸佞，但困难当头之际，只有他还"忠勇当前"，敢于"挺身而出"。度宗哪里知道，满朝文武懦弱是真，贾似道忠勇却是假。

度宗被瞒，不知不觉地坠入了贾似道的奸计之中。从此，度宗失去了治理朝政的信心和热情，把大权往贾似道那里一推，纵情享乐去了。

贾似道再一次"肃清"朝堂，他在极短的时间内，把朝廷上下全换成了自己的亲信，甚至连守门的小吏也要查询一遍。这样，赵宋王朝实际上变成了贾氏的天下。

袁世凯也是这样和国民党的南京政府周旋的。

清王朝的“宣统皇帝”宣布退位以后，因袁世凯握有实权，非他不能主持局面。所以孙中山从大局出发，决定将大总统之位让于袁世凯。同时，为了限制袁世凯的权力，国民党要求袁世凯来南京就职。南京政府派了蔡元培等五人为“迎袁专使”，前来北京迎接袁世凯南下，就任中华民国的临时大总统。

袁世凯当然不想离开北京老巢，这不明摆着是调虎离山吗？就在这个时候，北京城内又发生了第三镇兵变的事件。兵变的借口是反对袁世凯离开北京。士兵在城内大肆抢劫商铺，搞得鸡犬不宁，各国驻京使节也纷纷表示不满。袁世凯以维持北京局势为由，不愿赴南京，南京方面只好同意他在北京宣誓就职。

第三章 信任是利益分配的契约

有句话说："世界上没有永远的朋友，也没有永远的敌人，只有永远的利益。"这句话表明国与国之间、人与人之间交往的根本问题其实就是利益分配。懂得利益分配，其实就悟透了人性的本质、社会的真相。

只养自己需要的鹰

人与人之间的关系，从本质上来讲是一种利益关系，而且这种利益更多地表现为物质利益。因此与人交往，万不可忽视物质的作用，适当地给予别人一些小利益将会使你为人处世左右逢源。当你探望不常见的亲朋好友时，不妨准备一些小礼物。比如买一些糕点或者水果，或者给朋友的孩子买一些小玩具等，这些都会让他们对你产生好感，从而让你的人际关系如鱼得水。当然这些做法只能用于好的一方面，否则就失去了它原来的意义。

战国时期，大将李牧驻守赵国北部边防，常年驻在代郡、雁门郡一带防御北方强敌——匈奴的入侵。匈奴大军生性多疑，且出兵迅速，常令赵国守将摸不着头脑。为了诱歼匈奴单于，李牧特地向军中兵士下令：凡发现匈奴来犯要立刻回营自保，不得恋战，如有违犯一律处斩。匈奴人得知这一消息后，窃为惊喜，认为李牧怯懦，不堪一击，于是准备大举进攻。公元前233年的一天，李牧故意让边防百姓四出放牧，成群牛羊遍布山野。匈奴单于见机会难得，先是派小股骑兵入侵，李牧假装战力不济，败退而去。匈奴单于见天赐良机，于是亲率大军南下想一举消灭赵国北部重兵，可是李牧事先早已做好充分准备。他采取灵活多变的阵势，出奇兵包抄匈奴大军，一举灭掉十几万匈奴骑兵，匈奴单于只身脱逃，幸免于死。

战国后期，燕国政局动荡。将军市被和燕太子平相勾结，准备以武力打击燕相国子之及一些大臣和官吏，全国上下顿时陷入一片混乱。地处燕国东南的北方大国齐国看到燕国内乱不止，于是想趁机出兵，从中牟利。为了更加稳妥地消灭燕国，齐王决定想办法加剧燕国的内乱。于是他派人向燕太子平表示，齐国愿意追随左右，帮助太子整饬朝政。燕太子平信以为真，放松对齐国的戒备，放手发兵围攻相国子之，可是未能迅速取胜，而此时将军市被又临阵倒戈，双方伤亡惨重。燕国百姓纷纷逃到他国去避难。齐王见伐燕时机成熟，于是派兵大举攻燕。燕军经过长期战乱，毫无斗志，懈于防备，齐军长驱直入，最后燕王战死，相国被杀，齐军不费吹灰之力就灭掉了燕国。

在战争中，敌我双方都时时刻刻围绕着利而展开较量。匈奴单于无时无刻不想挥师南下、掠夺财物，这是他们的大利。当然赵国守将李牧也有自己的利。但是他的高明之处就是利用了敌人想得到的利益，而没有向敌人暴露自己想要的利益，最终诱使匈奴大军南下，而将其一举歼灭。这正体现了“利而诱之”的战略思想。

战争中不仅要“利而诱之”还要注意“乱而取之”。齐国趁火打劫，“乱而取之”，最终轻而易举地灭掉了燕国，以最小的代价获得了最大的利益。“乱”就会消弱组织内部的力量，瓦解自己的斗志，从而丧失对外的抵御力量。这对敌方来讲是不可多得的进攻机会。齐国正是巧妙地运用了这一计谋，才轻易地取得了胜利。

中国历代通过“宫廷政变”而取得政权的统治者，大多都是在“乱”中取之。

武则天死后，中宗继位，唐朝的政局一直动荡不安。由于中宗软弱愚懦，皇后韦氏趁机拉帮结伙，把持了朝政。为了达到独霸朝政大权的目的，韦氏又设计毒死中宗。从此韦氏一党，遍布朝廷，他们为了立威，严刑峻法，致使政局更加混乱。而这正好为李隆基提供了一个极好的机会。他身为李氏皇族后裔，拥有众多的支持者。于是他趁机拉拢韦氏的反对者，争取各方面的力量顺利地夺下了皇室大权。

韦氏之乱成就了李隆基，使他的夺权行动顺利完成。反之，如果中宗在世，统治稳定、天下太平，恐怕李隆基也不敢夺权。如果真是那样，那么也就没有“白头宫女，闲坐说玄宗”一说了。

做事所需要的心力要因事而论，你的知识和才能没有必要过多的浪费也不要浪费。只养自己需要的鹰，才是高明的养鹰人。

那些可以驾驭事物而不会被事物驾驭的人，才称得上是观察敏锐的人。

他可以把最深处的东西探察出来，研究分析他人所需、处境、情绪、才能等。他的观察力是犀利的，能把隐秘的东西发掘出来并破解它。他观察严密，构思独特，推理有逻辑。所有的事，他都能观察、留意、掌握、理解。然后，针对每件事不同的情况采取行之有效的措施，从而达到自己的目的。

空洞的信义敌不过现实的利益

公元前 433 年，科西拉岛和希腊城邦科林斯之间的矛盾激化，战争一触即发，双方都需要雅典的支持，谁争取到雅典的援助就一定会取胜。

科西拉代表的态度很明确，他们承认科西拉岛从未帮助过雅典，甚至曾经与雅典的敌人结盟。现在来到雅典也只是出于担忧科西拉岛安危的目的。结盟的基础是双方共同的利益：科西拉的海军实力仅次于雅典，强强联手足以威吓雅典的敌人斯巴达。

科林斯代表的陈辞与科西拉代表平实无华的诉求完全不同。他一一陈述过去为雅典所做的一切，并威胁说如果雅典不和他们结盟，他们将成为雅典的对立方，以后就是雅典的敌人。他反复重述科林斯对雅典的众多贡献，再三申明雅典应该感恩图报。

结果雅典赞成与科西拉结盟，而背弃了科林斯。

高贵的雅典人是古希腊最优秀的现实主义者。对他们来说，世界上所有修辞华丽、情感充沛的诉求都抵不过一个合理、实际而有效的论证。

科林斯使节让雅典人觉得，自己似乎被人要求自觉内疚，而必须被迫承担义务。雅典人根本不在乎昔日的恩惠与友谊，即使其他盟邦认为雅典背弃科林斯是忘恩负义，他们也不会切断与雅典的结盟，因为雅典是希腊的强权，拥有相当的实力，其他城邦的威胁只能是自取灭亡。

每个人都需要站在别人的角度思考自己的路径、看见别人的利益需求，因为利益是行动的杠杆。一切事情都是在利益的驱使下完成的。为了学会去除蒙蔽事实的自我情感，掌握此道就可以取得巨大成就。

过去的已经过去了，未来的事还没有发生。讲求实际的人总是会选择未来，忘掉过去。讲求实际的人无论在怎样的环境下都能够生存。

绝大部分人在追求进步的过程中，会发现自己需要更有影响力的人助自己一臂之力，但是很少成功，因为他们完全陷入了自己的渴求与欲望。成功的诀窍其实很简单，关键取决于自己是否有能力了解要应对的人，而且不要混淆双方的实际需求。

许多人一开始就假设恳求的对象宽厚无私，乐于助人。他们谈话的方式在别人看来仿佛自己的需求对对方很重要，但事实是对方可能根本不在乎。有时候他们会涉及一些更大的议题：高贵的动机或伟大的情操，例如爱与感恩，但实际上，现实更具说服力。如果不诉诸别人的个人利益，在对方眼里你只是一个绝望的人，他不会帮助你的。

16 世纪，葡萄牙独占了日本与欧洲之间的贸易，葡萄牙的传教士试图让日本人皈依天主教，他们为此努力了多年，终于取得了一些成绩，但距离他们的目标还很遥远，因为他们从未打进上层统治者。

他们依然在不懈地努力，到了 17 世纪初，他们的传教行为甚至让德川家康很恼火。而荷兰人大举进入日本时，德川家康才大大松了一口气。他需要知道欧洲人枪炮与航海的技术，而现在终于有一批欧洲人无意于传教，只想要贸易了。德川家康迅速将葡萄牙人驱逐出境，从那以后，他只愿意跟讲究实际的荷兰人打交道。

日本与荷兰的文化背景大不相同，但是他们关心的焦点一致，并无时空之别，那就是自我利益。每个人都像是另一种文化，另一块陌生的土地，其历史和背景你一无所知。然而，如果诉诸对方的个人利益就可以弥补双方的差异，不必遮遮掩掩，直截了当地陈述：你有宝贵的知识可以帮助他；你会用黄金填满他的财库；你会让他活得更长、更幸福……这是我们每个人都需要并且正在使用，而且容易理解的语言。

分功与人，以获双赢

《菜根谭》中说："当与人同过，不当与人同功，同功则相忌；可与人共患难，不可与人共安乐，安乐则相仇。"意思就是，应该有和别人共同承担过失的雅量，不应当有和别人共同享受功劳的念头，共享功劳就会引起彼此的猜疑；应该有和别人共同渡过难关的胸襟，不可有和别人共同享受安乐的贪心，共享安乐就会造成互相仇恨。

路径窄处，留一步与人行；滋味浓时，减三分让人尝。如此乃是涉世一极乐法。

比如，小朋友聚在一起做游戏，其中一个孩子肚子饿了，就从包里拿出好吃的糕点，正好被大家看到。这时，他有两种选择：分一些给大家，或者自己独吞。选择是瞬间做出的，但却能导致一生截然不同的结果。

1. 分给大家

小伙伴因为得到美食，都很喜欢他、拥护他。从这一刻起，他在这群同龄人中脱颖而出，成为这个小团体中当之无愧的领袖，将来成为号召力很强的人。

2. 自己独吞

旁若无人，全塞进自己嘴里吃掉。糕点是他的，这没问题。但大家都拿他当小气鬼，以后没人跟他玩。他失去了一个在团队中当头狼的机会，而且失去了团队的信任，拐进的是另一条狭窄的胡同。顺着这个轨迹成长，他将来很可能就是普通人。

一个不经意的选择，就决定人的一生。明白了这个道理，你还会轻视必要的分享吗？要知道，并不是所有的事情都是狭路相逢勇者胜，在恰当时机懂得与人分享，可以让大家都得到利益，最后自己也会戴上赢家的桂冠！

人与人之间的相处，很多时候并不是单项选择题——有你没他，而是多项选择，可以双赢。有些人不明白，他们只知道鱼死网破，不是你死就是我活。为争名夺利打得头破血流、同归于尽的例子，我们身边经常上演。这种人永远没能体悟到，在必要时让一步，反而能给自己带来更大的好处。

有个年轻公务员，毕业于名校，才华横溢，走到哪儿都带着一股指点江山、舍我其谁的气势。他觉得别人都如无用蝼蚁，不配跟自己比。“我的能力最强，所以理应得到最多。”他总是这么想，得到好处不与同事分享，事事都独占头功。

结果怎么样呢？部门里的同事联起手来，结成同盟，跟这位“优秀人才”较劲，合力拆他墙角、拖他后腿，处处给他麻烦，任你多么大公无私、尽职尽责，我等就是不配合。一个人处在这种环境下，要想做成点事情，那真是比登天还难！

最后，这位年轻人的工作当然做不好，走到哪儿都碰壁，一身才华困在腹中无法施展，甚至没处诉苦！于是，领导痛责，同事不怜，他在每个人面前都没落下好印象。到这地步，单位分给他的那把椅子就该收回去了。

只想好处独占却落个一无所有，你说可怜不可怜？完美的名声和荣誉，不要一个人独占，应该跟人分享；不好的名声和错误，不可全推给他人，自己也要承担几分！

推功揽过，背黑锅

完名美节，不宜独任，分些与人，可以远害全身；辱行污名，不宜全推，引些归己，可以韬光养德。

有个幽默故事，说一只黑猫好不容易捉到一只老鼠，把玩了一阵，却把它给放了。黄狗见了，不解地问：“辛辛苦苦抓到的美味，你为何放了它？”

黑猫回答说："你当然不会明白，我是同上司一起被派到这里抓老鼠的。现在，上司连一根老鼠毛都没捞到，我怎么能抢它的风头呢？所以，我把它放掉，让上司来抓它！"

这只黑猫就是一只聪明的黑猫。它知道身为下属，有时为上司做出一份恰当的"牺牲"，是一种值得的投资。它先把老鼠追得筋疲力尽，再把它放掉，让上司轻而易举地抓到它。上司得到了功劳，心里肯定也明白到底怎么回事。黑猫虽然没有捉到老鼠，却得到比一只老鼠更大的实惠，那就是上司的信任和提拔。

在现实生活中，我们经常可以看到，许多干部在做汇报的时候，将功劳和业绩都归于上级的英明领导，把自己置于一个执行者的角色。他们抓住的恰恰就是上司对于虚荣的心理需求，把功劳推给上司，并不意味着你就没有功劳了，大家对事实心知肚明。一个合格的上司，他也不会真的抢你的功劳。相反，他会对你的做人处事的风格非常赞赏。如此看来，"推功揽过"实在有百利而无一害。

在这个世界上，凡是成功的牛人，大都懂得与别人分享美名。在他还没有成功的时候，懂得与人一起分享利益，所以朋友帮助了他。当他成功以后，又懂得推功揽过，认为都是大家的功劳，失误自己承担。只有这样的人，才能让亲人、朋友聚集在他身边，只有这样的人才会成功！

某地产集团运营经理，与下属群策群力，历经半年，完成了一个项目。上级过来检查工作，他夸夸其谈，将功劳全扣在自己头上，好像全靠他才完成了如此壮举。上级大喜之余，当然将他好一顿表扬，许诺给他各种奖励。但下属们却不乐意了，对这种阴险的自私鬼非常失望，从此跟他离心离德，不管做什么都不再配合他，还有许多人给上级写检举信，揭发他的错误，暗地发誓，不打倒他决不罢休。

为了贪图一个美名而葬送未来的前程，又是何苦呢？看看瞬间就站在他敌对面的庞大的同事阵营，你就能明白——不懂得推功揽过这一潜规则，何其危险？

每个人都难免在工作上有失误，这很正常。但就有这么一类人，出了事就把责任往同事或下属身上推，先把自己撇干净，生怕上司责怪到自己，嘴里说着“全赖你全赖你！”好像全是对方的错，自己成了不食人间烟火的大圣人。这么做的结果，只会让自己失去信任，前途岌岌可危。

老板正与客人谈话，市场部的负责人小李敲门进来，告诉老板，一位重要客户发来了一份电报。老板谈兴正浓，只是点了点头，不耐烦地说：“我知道了。”结果两天以后，老板把小李叫到办公室，怒气冲冲地质问他，为什么不将客户打来电报的事情向他汇报，以至于差点耽误了一笔大生意。

如果你是小李，你会怎么说？下面是三种答案：

A. 这不是我的错，我接到电报就告诉你了，当时你正与一位客户谈话，你还说知道了呢！

B. 我没有责任，请不要怪我！

C. 对不起，我没有及时地让您知道，请原谅！

很显然，A 和 B 讲述的都是事实，小李丝毫没有责任。但是真正聪明的人，一般都会选择答案 C，马上将错误归结到自己头上。因为这正是老板期望看到的，他并非不知道错在自己，而是因为自己的身份是不允许出错的，所以，必须找一个替罪羊。此时你非常配合地站出来，让他发泄一番怒火，给他一个台阶。虽然他嘴上责怪你，内心其实会感谢你！

要补台，不拆台

金无足赤，人无完人。上司也会出现疏忽和漏洞，决策的失误、指挥的不当，经常会发生。作为下属，你绝不要放大他的窟窿，甚至想墙倒众人推，取而代之。而是最好主动出面，帮助上司适当遮掩差错，往自己身上揽些责任。

上司都喜欢可以为自己“补台”的下属，如果你在关键时刻对他落井下石，或对他的“落难”不闻不问，冷漠置之，那你就要小心了，因为他很快就会“报复”你。

当你跟朋友或爱人发生争吵时，也可以这样去解决问题。即使你没有错，如果也能主动地说一句“不好意思，可能是我搞错了”，而不是一味地纠缠于“一定是你错了”，是不是更有利于尽快地化解纠纷呢？

有时候，两个人吵来吵去，争的不过是个面子，是一个彼此都能摆脱尴尬的台阶而已。

当同事有些工作做得不到位，领导正要训斥他，你过去帮他解围：“对不起，刚才我请他帮我做了一份图表，所以耽误了他的时间，导致他的工作没有及时完成。”你看，这个理由既能助他摆脱尴尬，又不会把你陷进去。领导不会再深究什么，同事也会对你充满感激，这可是一笔无形的投资！

但“分享”与“担责”，还不同于普通的哥们义气，而是在公平合理的基础上，与他人共同分享美名，共同承担过错。无论是公司的管理者，还是生活中的我们，都需要体悟和运用这方面的智慧。

第一，揽过要适度

小过小错可以由你来承担，挨几句批评，甚至罚一些奖金的损失，都无关紧要。但绝非什么过错都可以揽，比如你上司贪污腐败，你若还站出来代人受过，岂不是自寻死路？所以，揽过的时候，要眼明心亮。

第二，推功要巧妙

别轻视你上司的智商，不要赤裸裸地把功劳强加到上司身上，造成张冠李戴的尴尬场面。那样只会弄巧成拙，招致上司的怨恨。而且，当你把功劳让给上司的同时，万不可到处宣扬。否则，会让人误以为你别有目的。

第四章 防臣备内远小人

宋太宗曾经很露骨地说过：“国家若无外忧，必有内患。外忧不过边事，皆可预防；唯奸邪无状，若为内患，深可惧也。帝王用心，常须谨此。”

在高位者眼中，一切外患都在明处，兵来将挡，水来土掩，并不可怕。真正可怕的是藏在内部躲在暗处的奸邪小人背后捅刀子，这种内患人物伪装得非常好，甚至还是信任有加的心腹，平时看不出来，一到关键时刻，突然发作，变生肘腋，让人防不胜防。

在贪婪的人性和利益面前，信任只不过是一捅就穿的样子货，根本靠不住，当背叛的收益远远大于信任所能获的利益，还有什么是不可以出卖的？而防臣备内远小人，则是对信任的背书，让背叛行为成本加大到其收益不足以抵偿时，谁还敢背叛？

多利用敌人，少依赖朋友

公元959年，大将赵匡胤成了宋朝皇帝。立国后不久，赵匡胤对他的大臣说："你们战功显赫，我寝食难安，如果你们也有机会和我一样'黄袍加身'，你们也一样不会拒绝的。在座的各位若是肯交出兵权，你们将在最好的条件中安享余生。不过不是在我身边，而是在家里。"

他的话让将领们十分震惊，他们也明白"飞鸟尽，良弓藏；狡兔死，走狗烹"的道理。第二天，所有的将领都退隐还家了，过着安逸的生活。赵匡胤将一群极可能会背叛他的"友善"豺狼，转变成了温驯的绵羊，巩固了他的帝位。

公元971年，南汉的刘后主经过多年的叛乱之后，终于投降。赵匡胤不但没有杀害他，反而赐予他极高的地位，同时邀请他入殿喝酒叙情。刘后主害怕赵匡胤在酒里下毒，他哭喊道："请陛下赐臣一死，不要让我喝这杯酒。"赵匡胤听了他这句话，就将刘后主的酒一饮而尽。从此之后，刘后主成为他最信赖和最忠诚的朋友。

当时，中原分裂成许多小国，当吴越王战败时，赵匡胤的臣子将他阴谋杀害赵匡胤的证据交给赵本人。吴越王晋见太祖时，赵匡胤对他十分礼遇，并交给他一封信，嘱咐他在返国途中打开。在回去的路上他打开信封，发现里面记载的全是他谋反的文件。赵匡胤的宽宏气度使他臣服，最后吴越成为宋太祖最忠诚的属国。

宋太祖明白登上王位的同时也进入了虎口。与他一起打天下的将领和朝廷的大臣会成为最危险的人，所以，宋太祖以荣华富贵贿赂他们，以此夺走他们的权力。这比起杀害他们要好得多，其他将领及其后代也不会寻求报复。

赵匡胤极少依赖朋友，而是多利用敌人，这正是他的成功之所在。朋友的胃口会越来越大，他们会因嫉妒而不平衡；敌人并无奢望，当他得到一切时，例如出乎意料地被免去死罪，就会感恩戴德，同时会死心塌地追随赦免他的人。这些过去的敌人最终会成为可信赖的朋友。

几千年的中国历史上演着同样的模式：血腥的政治变革、频繁的改朝换代、部下杀害软弱的皇帝，然后辅佐强大的将领登基等等。当这名将领开启新的王朝，自立为帝后，为了确保权力，就会杀掉和他一起开疆辟土的大将。若干年后，同样的模式又会重演。因此，可以说帝位是最没有权力，也最不安全的职位。

世上的权力之争大都如此，“飞鸟尽，良弓藏；狡兔死，走狗烹”就是最深刻的道理。控制权力的道理很简单，但是要做到这一点却很难，有时受到的阻力是难以想象的。

不要轻易地因为友谊而解除武装，否则，最难应对的战争将因此而爆发。相反，当应付对手时，不要忘记宽恕的可能。时时警惕朋友而宽容敌人是最谨慎的方法。

藏刀防不测

宋高宗赵构与秦桧可以说是天作地合的一对昏君臣。他们在卖国乞降、认敌作父、摧残爱国力量、迫害民族英雄岳飞等罪恶活动中，沆瀣一气，臭味相投。宋高宗因秦桧卖国有功，赋予他极大的权力，由他独任宰相十八九年，并加封他为太师，建康郡王，举凡朝廷的内政外交全由秦桧做主。秦桧的儿子、孙子也因一人得道而鸡犬升天，被封以高官。

表面上看起来，宋高宗对秦桧真是宠信无比，恩礼有加，对他一定不会怀有什么猜忌了。其实全不是这样。秦桧由于长期专擅朝政，朝廷的各个要害部门，都由他的心腹、党羽把持，连宋高宗身边的贴身侍从和御医都是秦桧的人，宋高宗的一举一动他们都要随时向秦桧报告。宋高宗虽然在政治上昏聩，在对敌斗争上软弱，但是他并不傻，他知道自己被秦桧的势力所包围和控制，可是他不能对秦桧采取行动，因为秦桧有金人作后台，得罪不起。他只有把对秦桧的猜忌与不满深深藏在心底。为了防止遭到秦桧的暗害，他每次上朝时都在靴子中藏着一把短刀，以作防身之用。这在中国古代的皇帝中也算得上是独一无二的了。

绍兴二十五年（公元1155年），六十六岁的秦桧病老交加，眼看将要命归地府，他希望将相位传给他的儿子秦熺。秦熺及秦氏党羽也四处活动，希望接父亲的班。

宋高宗表现出对秦桧十分关怀。在秦桧咽气的前一天，他大驾亲临宰相府，探视病情。此时秦桧虽然还有一口气在喘，但已经说不出话了。宋高宗解下自己的红手帕亲自为秦桧擦拭眼泪，仿佛恋恋不舍。可当秦桧问起由谁来接任宰相时，宋高宗冷冷地回答了他一句："这种事情你不应该打听。"

离开秦府当晚，宋高宗立即令人起草了一份诏书，解除秦桧祖孙三人的一切职务。第二天一早，便将这道诏书颁布于朝堂，可谓迅雷不及掩耳。当天夜里，秦桧便一命呜呼了。消息传来，宋高宗长出一口气，拔出了靴中的短刀说："从今以后，我再也不用靴中藏刀了。"

大凡帝王的深藏不露，或是由于情况不明，不便表态；或是由于时机未到，不可鲁莽；或是由于形势不利，无力反击。因此，帝王的深藏不露，是为了弄明情况，等待时机，积蓄力量，而决不是长期隐忍，无所作为。

宋高宗作为一个皇帝，说来也真够可怜，外受欺于强敌，内受制于权臣，一辈子也没有抖一抖帝王的威风，发一发雷霆之怒，只是在秦桧死了之后，才敢舒展地出一口气。他的深藏不露，其实也是窝囊无能。

养不熟的狼

狼毕竟是狼，总要吃人的。无论你是否有恩于他，还是他有恩于你。

宋文帝刘义隆也曾诛杀“功臣”，这些功臣还是杀掉他的哥哥宋少帝帮他即位的。但是，宋文帝也借此看出了他们的狼性了，所以，就杀掉了这些可能再次废弑皇帝的人。这不失为英明之举。

当时的史实是，宋少帝刘义符是个荒唐的君主，他不问政事，在宫中开集市做买卖，竟然还亲自卖豆腐。当时权臣徐羡之、谢晦、傅亮就把他杀掉了。杀掉之后，权臣要立时年十七的刘义隆为帝。刘义隆的部下劝阻他不要去建康继位，以防又被大臣杀害。

但是刘义隆坚决果敢，毅然前往。见到诸权臣之后，号泣不已，哀动左右。刚刚为国家的不幸哭毕，又详细追问自己的哥哥少帝被杀的原由，哭哭啼啼，旁边群臣莫能仰视，傅亮又惊又窘，流汗浃背，口不能言。刘义隆以自己的亲信严兵自卫，乘船直抵建康，即皇帝位，是为宋文帝。

本来，宋文帝的皇位是这几个杀掉皇帝的权臣给的，按理说，应该以高官厚禄报答。如果你这么想，那就大错特错了。这些权臣能杀掉一个皇帝，就能杀第二个。今天可以拥立你，明天就可以废杀你。所以，对这些大臣绝对不能心存感激地加以报答，而应该找机会除掉。因为，不管是什么狼，毕竟都是狼，总要吃人的。所幸的是，宋文帝看到了这一点，他决心找机会杀掉这些“功臣”。

徐羡之等人觉得宜都王原来掌握的荆州是军事重地，就委任谢晦为荆州刺史以为外应。谢晦将行，和蔡廓道别，屏去左右旁人，问：“我能免祸吗？”蔡廓回答：“您受先帝顾命之恩，废昏立明，道义上说得过去。但杀了人家两个哥哥（一个是刘义符，一个是庐陵王刘义真）而又在殿下称臣，挟震主之威，据上流之重，以古推之，免祸太难啦。”谢晦开始还怕出不了建康，上船之后，回头一望，高兴得大叫："今得脱矣！"可惜的是，谢大官人高兴得太早，总以为飞鸟出笼，能自由翱翔，来去自由，殊不知一张无形的天网已暗中悄然向他撒来。

宋文帝继位之后，先以高官厚禄稳住几位大臣，任徐羡之为司徒，王弘为司空，傅亮加开府仪同三司，谢晦加封卫将军，檀道济进号征北将军。元嘉二年，徐羡之、傅亮上表归政，文帝假意不应，再三上表才答应。元嘉三年，见时机成熟，宋文帝下诏暴露徐、傅、谢数人罪恶，命令有关部门捉拿法办。谢晦的弟弟正在中书省值勤，得知消息慌忙派人通告徐、傅二人。徐羡之跑到城郭烧陶的洞子里自己上吊而死。傅亮跑到路中被堵截，文帝派人告之："以您江陵奉迎的诚心，当使您诸子无恙。"于是诛杀傅亮等人。至此，皇位总算安全了。

这里看似讲的是一个忘恩负义的故事。但是，这个故事却说明了当事人的正确。诛杀的那些功臣不是普通的功臣，他们是一群胆敢废杀皇帝的功臣。对于新皇帝而言，这是一群随时可以废杀自己的狼。这时，就绝对不能用传统道德观念来拘泥自己的举措了。

隋朝大将司马德戡，参与了推翻隋炀帝的行动，协助宇文化及登上了权力的高峰。他当然明白宇文化及是一头不可长期共舞的狼，但他仍然被这头狼吃掉了，原因就在于他谋事不果，导致前功尽弃。

隋朝末年，天下已然大乱，炀帝杨广还是执迷不悟，或远师出征，或四处游幸，致使百姓备受劳役之苦，怨声四起，载舟之水亦渐变为覆舟的洪流。李密领导的瓦岗军于大业十三年（617）二月开始，先后占领了东都洛阳的各大外围粮仓，彻底阻断了隋炀帝的回京通道，并且使东都处于岌岌可危的境地。在这种情况下，隋炀帝滞留于淮南的江都行宫里，一晃就是年余。从驾士兵的老家多在关中，这种渺无归期的客居生涯使他们深为厌倦，为此，他们常常交头接耳，计议着抛下炀帝自行回家。

当时武贲郎将司马德戡负责统领着这班从驾勇士，知道士兵们大多是这种心理状态，便阴谋背叛皇帝，他煽惑自己的好友武贲郎将元礼以及直阁裴虔通说："我听说关中已经陷没，李孝常叛于华阴，皇上已将其二弟收押死牢，准备全部处以极刑。我们的家属都在关中，又怎么能够担保没有同样的问题发生！”虔通也忧形于色，他说：“我家子弟都已成年，诚然难以自保，我也一直在担心灾祸会随时降临头上，只是无计可施。”德戡说：“我们的忧虑既然相同，自当共同谋划出路。从驾士兵们一走，我们也趁机开溜好了。”元礼、虔通都表示支持。于是结群聚党，宫禁内外十数名官员都站到了谋叛的行列。

这伙人以博戏名义日夜聚会，商讨对策，最初都只想劫夺十二卫武马，掳掠当地居民财物，结党西归，并无意危及炀帝；但在宇文智及入伙以后，事情就变得越发严重了。智及认为，隋室江山已摇摇欲坠，要干就干一番大事，创建帝王基业，所以是不能再让炀帝稳坐天子之位的。德戡一想也是，反正是反罪，何妨反得更彻底一些！于是率先拥护智及的主张，又相约请宇文化及为主，伺机入宫弑帝。

到义宁二年（618）三月一日，德戡正要宣言告众，忽然又虑及人心万一不齐而功败垂成，决定再用诡诈手段胁迫从驾士兵，他对直长许弘仁、医生张恺说：“你们身为良医，担负国家重任，由你们制造谣言煽惑人心，效果一定再好不过。你们可到备身府去，故做神秘地告诉你们的熟人，只说皇上已得到从驾士兵们将要叛逃的消息，命令你们二位酿造大量毒酒，准备借享会之机将大家统统毒死，只将其中的南方人留下继续服务。”张仁、张恺连连称妙。

谣言一出，从驾士兵们果然大为恐慌，反心自然更加坚定。德戡得知诡计生效，遂在三月十日召集所有同谋，部署犯禁逼宫事宜。当夜恰好是城门郎唐奉义主闭城门，而禁宫钥匙又掌握在直阁裴虔通手中，内外诸门自然形同虚设，正所谓狼守羊圈，炀帝哪还有活命机会？至三更天气，德戡在东城内聚集了数万兵马，点火向城外发出行动信号。城外孟秉、宇文智及也搜罗到了千余人，见到火光立即劫持侯卫武贲冯普乐，分兵把守郭下各条街巷。

夜里，裴虔通以德戡的士兵换掉了诸门卫士，这才亲自打开宫门，率领数百骑兵闯入成象殿，杀了措手不及的独孤盛将军。元礼也在这时领兵杀进，在一片呼啸声中，宿卫者纷纷逃命。至此，宫内宫外尽成叛军天下。隋炀帝杨广亦由虔通抓获，第二天一早被弑于江都宫中。

一夜之间，德戡已全方位控制了宫内宫外局面，按照起事前的协议，与同党孟秉等人共推宇文化及为丞相。

德戡未始不想到九重天上一游，但他考虑到兵变以后必须借助望隆位重者以御众，这才将宇文化及推到前台，因为宇文化及之父宇文述曾是隋朝左翊卫大将军，爵封许国公，化及兄弟也各任显职，其中化及本人为右屯卫将军，智及为将作少监，士及尚公主，可谓富贵集于一门。化及入主朝堂，立即弑炀帝，诛杀异己以及隋室外戚，另立了一位傀儡皇帝，封德戡为温国公，仍统本兵，并加光禄大夫。

化及有自知之明，他知道自己的才能远在德戡之下，现在侥幸窃居尊位，怕只是德戡的应急策略，谁敢担保以后会怎样？德戡手握重兵，绝对后患无穷！因此，化及在几天以后就改授德戡为礼部尚书，分配其他将领各统士卒，也就是以表面上的美迁掩盖褫夺德戡兵权的真实意图。德戡大为怨愤，他万没想到自己千辛万苦创下的基业拱手让给了化及享受，后者竟还要滥施猜忌，将自己挤到一边乘凉！

“没这么便宜的事。我怎样扶你起来的，就能照样儿将你踩下去！”德戡望着化及的背影，牙齿几乎咬碎。要实施这一计划，当然必须重掌兵权。他知道智及贪财，就将自己兵变后获赏的全部财物送给智及，并乘机表明心迹：“我德戡只懂带兵，其他的事情一概不懂！”智及受人钱财，理当替人消灾，他拍胸脯保证：“你放心，这事就包在我身上好了。”回头劝化及：“人家德戡一片忠心，否则也不会推仁兄为主了，你何苦猜忌他呢？”化及以为然。兵到徐州，舍舟登岸，化及将后军交给德戡统领。

德戡手中重新有了军队，心想：“化及，你瞧我的吧！”于是和赵行枢、李本、尹正卿、宇文导师等人密谋策划，准备袭击宇文化及，同时派人去约孟海公（江浙一带的草莽英雄）为外援。也是合该德戡失败，他本来一惯行事果断，这次却苦等什么使者回报消息，致使行动一再耽搁，而许弘仁、张恺却有了机会泄露这一秘密。宇文化及晓得先发制人的重要性，他不动声色，暗中教他弟弟士及佯装游猎，到后军见机行事，捉拿德戡及其同党。德戡不知事情已经败露，见士及到来，很自然地出营参谒，不提防士及一声令下，如狼似虎的甲士就将德戡死死钳住了。

德戡故作镇静，质问士及：“我有何罪？”士及冷笑：“若想人不知，除非己莫为。你去跟丞相说吧。”化及随后亦指责德戡不该谋反，德戡说：“我何尝想这样？实在是逼不得已罢了。我们杀昏君，蒙弑逆大罪，为的是什么？还不是不堪忍受其毒害。我始料未及的是，大家共推足下为主，足下竟比昏君有过之而无不及！”化及恼怒地反问：“司马公还有什么话说？”德戡嗔目相对：“我只恨自己谋事不果，反遭小人暗算！”化及无言，示意左右将德戡拉出去。德戡被缢杀，带着满腔不甘赴黄泉见炀帝去了。

小人易躲，伪君子难防

真小人容易分辨，他们或不讲道理，或刁钻泼辣、蛮横粗暴，赤裸裸的卑鄙无耻，让我们未见其人，先闻其味，有足够的时间事先提防。伪君子就不同了，挂着正派的面具，说话做事挺有“道理”，让你难辨真假，极容易上当受骗。

所以，在交朋友的时候，以下这几种人需要提高警惕，对其不可掉以轻心。

1. 阴险的人

阴险的人没有明显的标志，一般情况下，短时间内不容易辨别，但随着时间的推移，终究会露出蛛丝马迹。阴险之人的表现大体有以下几个特点。

喜欢造谣生事。他们把造谣生事当成家常便饭一样，乐此不疲。为了达到自己的目的，不惜诽谤别人，诋毁别人的名誉。

喜欢挑拨离间。他们为了达到谋取个人利益的目的，通常会使用离间法挑拨朋友之间的感情，好从中坐收渔利。

擅长拍马奉承。这种人嘴甜如蜜，善于恭维别人，拍马屁，无中生有说别人的坏话。

具有势利眼病。他们对有权有势的人关怀备至，一旦有一天他们发现自己所依附的靠山调离此处或出现问题轰然倒塌，他们就会落井下石，迅速抛弃对方，另寻高枝。

2. 吹牛的人

社会上有不少虚荣心强的人喜欢吹牛，妄图通过吹牛抬高自己。吹牛的人是虚伪的，因为吹牛等同于谎言，而谎言很容易被人戳破。如今的社会，弄虚作假是长久不了的，最终还是需要真本领。

面对吹牛的人，你如果不得不和他打交道，那就赞同他，并且表示出对他的欣赏。比如在他的朋友面前称赞他，可以当着他的面说，也可以当他不在时说。或者少说话，就静静听，适时地点头应声。如果并不是非要和他交往，那么就尽量少接触吧！

3. 嫉妒心强的人

在生活中，那些对别人的荣耀和成功过于在乎的人，都可能会产生嫉妒心理。在嫉妒心理的驱使下，犯下滔天大罪都有可能。忠告那些嫉妒心强的人——“临渊羡鱼不如退而结网”，只有摆正心态，勇于奋斗，你才能拥有属于自己的荣誉和成功！

4. 不孝的人

俗语说：“百善孝为先。”如果一个人连父母都不爱，那他对待朋友的态度也一定不会好到哪去。尽管现代社会人们生活压力越来越大，市场意识越来越强，但是父母亲情总不能用金钱来衡量吧。

对那些不孝而不知耻的人，要记住“不孝父母，不堪为友”的说法。因为连自己父母都不孝顺的人，你别指望他会对朋友付出真情，即使对你目前不错，那也是因为有他的利益所在，迟早有一天，会让你痛悔今日之交！

小人可远，不可得罪

《菜根谭》说：“锄奸杜倖，要放他一条去路。”若使之一无所容，譬如塞鼠穴者，一切去路都塞尽，则一切好物俱咬破矣。

铲除邪恶、杜绝小人，有时应给他们留一条改过自新的生路。如果逼得对方无立足之地，就像把老鼠能够逃生的出口都堵住，它会在走投无路的情况下把一切好东西全都给你咬坏。

为什么说兔子急了也会咬人呢？要知道，兔子本来是温顺的动物，不到万不得已它一定不会反击。但如果被人逼到绝路上，就必然会孤注一掷！

正因这个道理，落水狗不能打，打急了会窜上来跟你拼命。穷寇不要追，是因为困兽犹斗、垂死挣扎，会对你造成不必要的伤害。做人做事要懂这个基本常识。给对方留条活路，你也受益无穷。有些人就喜欢落井下石、斩尽杀绝，结果呢，对手永远杀不绝，自己的立足之地反而越来越窄。

东汉年间，大将窦固率军攻击匈奴。这支匈奴骑兵只有500人，从大漠深处飞奔而来，为的就是趁秋收期间抢夺老百姓的粮食。但他们刚入关不久，就被窦固的兵马围在了一座山谷中。汉军把山谷两侧的出口堵个滴水不漏，然而连续向内攻击了十几次，都没能把这区区500人歼灭。匈奴人组成一个圆阵，躲在石头后面，不停地向外放箭，谷口躺满了汉军士兵的尸体。

窦固见此情景，命令部下把一侧出口的士兵撤走，留出另一侧出口。部下大惑不解:“将军，敌军陷入重围，就是插翅也飞不出去啊！何况只有区区几百人！只要再攻数日，一定能将他们全歼！不知您为何要放他们逃生?”“当然不是放他们逃生。”窦固说，“现在他们没有退路，必然个个向前，奋勇死战。何况谷内草木繁盛、水源充足，他们也困不死。长时间这样耗下去，就算我军最后大获全胜，也已经伤亡惨重，所以才要放他们出来，在追逐中斩杀他们。”

情况果然就如窦固所料，这支匈奴部队从山谷里逃出来之后，眼见有了生路，拼命地向北逃跑，犹如惊弓之鸟，队形散了，人心乱了，没有人再想着回头跟汉军拼命。窦固率领的汉朝骑兵就在后面保持着一定的距离，不断用弓箭进行射杀，不到一天，就消灭了这股入侵之敌。

兵者，置之死地而后生。这个道理很容易理解，如果我们把敌人逼到绝路，看不到一点希望，他们反而会破釜沉舟，跟我们来个鱼死网破。此时的敌人个个是猛虎。我们要想打胜仗可就不那么容易了！即使最后赢了，也已经付出巨大的代价，得不到任何好处。

在历史上，像这种置之死地而后生的例子屡见不鲜。春秋时，燕将乐毅出兵攻打齐国，只有即墨城没有攻打下来。他们就围得死死的，猛攻紧打。

这时齐军已到垂死的边缘，突然齐国名将田单振臂高呼："国就要亡了，我们怎还会有家?"于是士兵人人有誓死报国的决心，竟然一战收复全部失地。请让我们假设一下：如果燕军在攻到即墨城时能放对方一条生路，他们必将争相逃命，哪有士气可言？就算换个地方再战，对方因为有了失败经历，如同惊弓之鸟，也是最容易对付的敌手，可谓最薄弱的环节。照准这个环节一刀砍去，哪有不胜之理?

有一家贸易公司的老板，做生意特别厉害，运用"大鱼吃小鱼"的吞并策略，将当地大大小小的十几家企业全都吃进了肚，形成了一个局部垄断的大集团。

可是，此举得罪了不少人，尤其那些失去当前财路、又没有机会另寻生路的人。就在这家公司生意蒸蒸日上，名声达到顶峰的时候，一些被他打败的对手搜集到了他在某项投资中官商勾结、暗箱操作的证据，举报给了经侦部门。这个霸道十足的商业帝国，就这样顷刻间轰然坍塌。

为人处世，这个道理同样适用。我们总会碰见形形色色的人，许多人或许会露出弱点和错误，这个时候如果你步步紧逼，抓住别人的错误打击到底，不给一点面子，也不给对方一点台阶下。如此一来，对方就会跟你针锋相对，撕破脸皮斗到底，不是他死就是你亡！你们之间不仅做不了正常的朋友，说不定会成为世代的仇敌。

第五章 韬晦示弱，学低调

东坡曰："古之圣人将有为也，必先处晦而观明，处静而观动，则万物之情，必陈于前。"

意思是说，从暗处往明处看，才能看得清楚别人的动静、态度、真伪。除此之外，韬晦之术，其实还有一个妙处：身在暗处比处在明处作别人的靶子更安全。

所以，权势不宜太盛，否则会带来危险；做事不要总想一下子做完，等做完人也累个半死；言行举止不可标榜过高，否则会惹来诽谤和诋毁。

在目的未达到之前，不要轻易地暴露自己的意图，以免树大招风，引起对方的注意，而应在暗中积蓄力量，把握时机。

谦虚低调，华丽的藏锋

自信，是一种魅力；而谦虚，则是一种涵养。如果说前者代表了影响力，后者则是亲和力。所以，做事要自信，做人要谦虚；自信，让你距离成功更近一点；谦虚，让你的人缘更好一点。

富兰克林年轻时就是个才华横溢的人，但同时他也很骄傲轻狂，总是那么锋芒毕露，咄咄逼人，虽然令人信服，却也令人很难亲近。对此，他浑然不知。

有一天，富兰克林到一家位老前辈家去拜访，当他准备从小门进去时，因为门框低了一些，他高昂着的头被狠狠地撞了一下。这时，出门迎接的老前辈告诉富兰克林："很痛吧！可是，这将是你今天来这里的最大收获。如果你想实现自己的理想，就必须时时记得低头。"

富兰克林猛然醒悟，也发觉自己正面临失败和社交悲剧的命运。从此他改掉了骄傲的毛病，决心做一个谦逊的人。也就是因为具有了这一美德，他得到了人们的广泛支持，在事业上取得了巨大成功，成为了美国开国元勋之一。

你可能也会有这样一种体会：越是谦逊的人，你越是喜欢找出他的优点；越是把自己看得了不起，孤傲自大的人，你越会瞧不起他，喜欢找出他的缺点。这就是谦逊的功效。

所以，平时要谦逊地对待别人，这样才能博得人家的支持，为你的事业奠定基础。当你以谦逊的态度来表达自己的观点时，就能减少一些冲突，还容易被他人接受。即使你发现自己有错时，也很少会出现难堪的局面。正如柴斯特·菲尔德所说的："如果你想得到赞美，就用谦逊去作诱饵吧。"

在柯金斯担任福特汽车公司经理时，有一天晚上，公司里因有十分紧急的事，要发通告信给所有的营业处，所以需要全体职工协助。当柯金斯安排一个做书记员的下属去帮忙套信封时，那个年轻职员傲慢地说：“那有碍我的身份，我不干！我到公司里来不是做套信封工作的。”

听了这话，柯金斯一下就愤怒了，但他平静地说：“既然做这件事是对你的污辱，那就请你另谋高就吧！”

于是那个青年一怒之下就离开了福特公司。但因为他仍听不进别人的话，所以他跑了很多地方，换了好几份工作都觉得很不满意。他终于知道了自己的过错，于是又找到柯金斯，诚挚地说：“我在外面经历了许多事情，经历得越多，越觉得我那天的行为错了。因此，我想回到这里工作，您还肯任用我吗？”“当然可以，”柯金斯说：“因为你现在已经能听取别人的建议了。”

进入福特公司后，那个青年变成了一个很谦逊的人，不再因取得了成绩而骄傲自满，并且经常虚心地向别人请教问题。最后他成为了一个颇有成就的名人。

越是有涵养、稳重的成功人士，态度越谦虚，相反，只有那些浅薄地自以为有所成就的人才会骄傲。美国石油大王洛克菲勒就说：“当我从事的石油事业蒸蒸日上时，我晚上睡前总会拍拍自己的额角说：‘如今你的成就还是微乎其微！以后路途仍多险阻，若稍一失足，就会前功尽弃，切勿让自满的意念侵吞你的脑袋，当心！当心！’”这就是告诫人们要谦虚，尤其是稍有成就时应格外小心，不要骄傲。

“发明大王”爱迪生就因骄傲而做了一件遗憾终生的事。在他的晚年，由于对自己的成就产生了骄傲的心理，使得他在自己最拿手的领域里，犯了个大错误。他固执地坚决反对交流输电，一味坚持直流输电，结果导致事业惨败。原来以他的名字命名的公司被迫改为“通用电器公司”，而实行交流输电的威斯汀豪公司至今仍存在着。这真是“英雄迟暮，骄则自误”。

人一但产生骄傲情绪，那么他评判事物的标尺就会失衡，就不能再正确地看待自己，并且最容易走进重复自己的怪圈。因为你被自己头上的那层光环迷住了双眼，有些眼花缭乱，有些飘飘然，头重脚轻，摇摇晃晃，如同醉汉。伴随着岁月无声的流逝，你自以为已经走了很远的路，有一天当你突然醒来一看，才知道自己还停留在当初的出发点上。山上已是旌旗烂漫，你却仍然躺在山下的池塘边，顾影自怜。

所以，要想取得持久的成功，就一定要使自己保持谦虚的美德。即使有了一些成绩，也不要自高自大、洋洋得意，时时标榜自己做了什么，那只是一种极端无知的表现，是一种浅薄的虚荣。而且如果你因一次成功，从此就一直这么欣喜若狂着，时时处处总是表现出一种优胜者的得意忘形和骄傲自满，别人虽不至于说你是疯子，大概也决不会敬佩你，而只会鄙视你。更可悲的是，“成功”也会冷落你，决不会让你再次品尝到成功的快乐。因为成功的路是没有止境的。

金钱就像流水一样，由高处往低处流，愈到下游，覆盖的面积越大，土地也越肥沃。赚钱的情形就是这样，采取低姿态，拥有谦虚和气的态度，满怀感激之心的人，人们就乐意帮助他，推崇他，金钱也会顺流向他而去。所以，谦虚对一个人来说具有特别的意义。

一家五星级酒店招聘时，有一个素面朝天，非常不起眼的女孩儿走进面试会场。她的脸上洋溢着令人难忘的笑容和自信。

可是，主持面试的考官却对她说：“很抱歉，我们的公关部非常在意外表和形象，你不能被录取。”

这话多伤人啊。女孩儿站起来，欲转身离去。可就在这一刹那，女孩儿又转过头，义正辞严地对主考官说：

“其实，你不录用我可以不需要任何理由，而您给的却恰恰是一个我无法接受的理由。我可以用 2 分钟的时间换一套衣服，用 5 分钟的时间化一次妆，但是我认为，我勤勤恳恳 20 年所做的努力和求得的学识是无法用外表来衡量的，你们选人的眼光实在令我难以苟同！”

说完，她对着主考官深深鞠了一躬，转身离去。

第二天，大家在录用榜上看到了她的名字。

然而女孩儿只是笑笑，起身走出人群，后面有人提醒她可以去签约了。她却淡淡地说:“其实，我一直很抱歉我昨天的无礼，做人最宝贵的精神是谦虚，我不希望我是靠这种傲慢的争辩来到这家公司的，所以，我不能去。”

当你感觉被骄傲自大的情绪所控制时，多想想这个因“骄傲”拒绝工作的女孩吧，也像她那样告诫自己：我没什么了不起的，生命太短促了，不要在别人面前吹嘘什么，使得人家不耐烦，自己需要做的事还有很多呢。

你可以更加深刻地认识自我，知道自己有哪些长处，有哪些短处，有什么优点，有什么缺点。如果你能把自己放在这样一个不断被认识的境地，你的骄傲自满情绪就会烟消云散，并且能在谦逊中找到自己人生的坐标。

尾巴一翘，不屎也屎

凡事做得太过、力量用到极点，风头盖过上司，就没有回旋的余地，就无法保护自己。越是有才华有能力的人越会招来猜忌，担心这些人垂涎自己的位置，自然要先排除他们了。所以能共患难者多，能共享福者少。

朱元璋为太子摘刺的故事，又是一个血淋淋的例子。为了让太子接位，能够镇服满朝大臣，朱元璋采取个个击破的办法，逐一将过去一起打天下的丞相胡唯庸、大将军蓝玉等人以各种罪名满门抄斩，剪除了对太子的威胁。看到朱元璋如此残忍地杀人，性情仁厚的太子前去劝阻。朱元璋一句话都没说，只是扔到地上一根带刺的木棒:“把它捡起来!”太子一摸，顿时刺了满手鲜血，赶紧扔掉了。这时朱元璋拿起木棒，用剑将上面的利刺全部削掉，然后交到太子手中，冷笑道:“这些刺，如果我不替你除去，你拿得了吗?”在朱元璋眼中，功高盖主的开国大臣们就像这些扎手的刺，严重威胁了皇权未来的统治。

政治家功高盖主、得意忘形会掉脑袋，而作为普通人的我们，如果思考不够审慎，在现实中也会乐极生悲。掉脑袋不会，摔跟头倒大霉却是一定的。网络上有位功高盖主的中层经理这样写道："现在我遇到了许多像朱元璋这样的人，他们攻击并且诬陷我，我被整得好惨、无奈至极。我庆幸没有出生在封建社会，出生在了法治社会，否则我肯定会被那些小人杀了。"

在现实中，如果你有翘尾巴的嫌疑，就一定要注意以下几点了。

第一，态度上要端正

你要认清形势，无论你的上司多么无能，他就是上司，你就是下属，你不能改变就必须面对。

第二，行动上要低调

将心比心，你也不希望下属的锋芒盖过你吧？所以，不论在公共场合或者私底下，你都要给足上司面子。比如写个报告，做好后可以给上司审阅，让他做些无伤大雅的修改；有上司在的话，别人表扬你的工作不要忘了附带一句，谢谢上司的支持。在大家讨论工作问题时，不要和上司发生激烈的争执，有话可以私底下好好说。

第三，千万不要越级汇报和邀功

这在很多公司都是非常忌讳的。销售员王凯在销售经理肖金指导下，出了一个20万的单，该业绩理所当然算做两个人的。但是王凯觉得所有工作都是自己做的，肖金只是在旁边指点一二，根本就没参与！凭什么把劳动成果占为己有？于是，在愤愤不平之下，王凯给老总发了一封电子邮件说明情况，证明这个单100%是自己做的，跟肖金没关系。老总信了他的话，追加了提成。尽管他的提成增加了，但还是在经理肖金手下干活，从此他的噩梦开始了，肖金动不动就给小鞋穿，最后不得不辞职了事。

有人说过这样一句话："亲戚朋友之间大多只能同患难，不能共享福。老板和员工之间只能同享福，不能共患难。"创业为什么难？就是因为缺少能一起冲锋陷阵的人，大多员工都期望坐享其成。但也有少数员工忠心耿耿陪老板一起创业，不怕吃苦受累，终于把公司做大做强。这个时候，面对老板的春风得意，功勋员工的心理不平衡了。对于功勋员工的心理变化，老板们当然察觉得到。一般来说，功勋员工的下场无外乎三种：继续做企业的奴仆；另立山头；或者被取而代之。

《黄石公兵法》中有一项“推恩施惠”的主张很值得现代人参考。推恩施惠即有功劳的时候要懂得将功劳向上推；有利益的时候要懂得将实惠分给下面的人。

如果你能够做到推恩施惠，相信不仅可以避免功高盖主的定时炸弹，而且能够成为一名卓越的领军人物，因为你抓住了为人处世中最核心的部分。

可以说，这是千百年来秘而不宣的潜规则之一。有很多聪明人，因为不明白这一点，最后稀里糊涂地掉了脑袋。也有很多看起来很傻的人，因为明白了这一点，从而在人生中游刃有余，最终成就了自己的事业和一世的美名！

太把自己当回事儿了

藏巧于拙，用晦而明，寓清于浊，以屈为伸，真涉世之一壶，藏身之三窟也。

即使再聪明灵巧，也要显得笨一点；即使再清楚明白，也要显得糊涂一点；人格再高洁，也要显得世俗一点；即使再有能力也不激进，宁可以退为进。这才是立身处世的救命法宝，明哲保身的狡兔三窟。

拳头，只有收回来打人才能打得疼！年轻人往往不懂这一智慧，总是喜欢用愤青思维去做人做事，一厢情愿地将个人的意志强加于别人，这实在是一种愚蠢的自我主义。如果一个人不明白藏巧于拙、以屈为伸的道理，就必然会急于求成，不讲策略与方式，这样必将限制才华的发挥，影响一生的前途和命运！

某先生当年刚毕业时，雄心勃勃地想做一番大事。皇天不负有心人，他最终被一家公司录用。到了这家单位仅半个月，他就洋洋洒洒给领导写了一封意见书，大谈公司内部问题，上至领导的工作作风，下到员工的薪酬福利，将现有的弊病全部列举，并且还提出详细的改革建议。

他的意见都很正确，但是结果怎么样呢？领导很难堪，虽然口头表扬他“精神可嘉”，却没半点采纳他建议的意思，而且没过多久，就找借口辞退了他。之后，他又换了不少单位，都没办法长久干下去。

该装傻时装傻，该聪明时绝不含糊！这才是智者处世的原则。凡是真正聪明的人情老手，大都懂得藏巧于拙、以屈为伸的道理。他们不管说什么话、办什么事，都会给自己留有余地，同时韬光养晦，积累爆发的能量。想想看，你在生活中是不是遇到过这样的智者呢？他们平时看起来不怎么显眼，好像什么本事都没有，但关键时刻总能一鸣惊人，让众人刮目相看。

老子在《道德经》中说：“大智若愚，大巧若拙，大音希声，大象无形。”大智若愚，即智慧的人表面上看好像愚笨，实则大智在其内心。这并不是让我们去当傻瓜，而是告诉我们懂得隐藏自己，冷眼观物，默默努力。不要咄咄逼人、聪明外露，这并不是让你变成藏头缩尾的“胆小鬼”，而是为人处世要分清主次，懂得方法和技巧。时刻知道自己该做什么、不该做什么，具有与时俱进的敏锐和灵活。如果在任何时候都是一颗木头疙瘩，那就真的变成傻蛋了！

本事大了，别人担心用不动你

赫蒙是美国著名的矿冶工程师，毕业于美国的耶鲁大学，又在德国的佛莱堡大学拿到了硕士学位。可是当赫蒙带齐了所有的文凭去找美国西部的大矿主赫斯特的时候，却遇到了麻烦。

那位大矿主是个脾气古怪又很固执的人，他自己没有文凭，所以就不相信有文凭的人，更不喜欢那些文质彬彬又专爱讲理论的工程师。当赫蒙前去应聘递上文凭时，满以为老板会乐不可支，没想到赫斯特很不礼貌地对赫蒙说："我之所以不想用你就是因为你曾经是德国佛莱堡大学的硕士，你的脑子里装满了一大堆没有用的理论，我可不需要什么文绉绉的工程师。"

聪明的赫蒙听了不但没有生气，反而心平气和地回答说："假如你答应不告诉我父亲的话，我要告诉你一个秘密。"赫斯特表示同意，于是赫蒙对赫斯特小声说："其实我在德国的佛莱堡并没有学到什么，那三年就好像是稀里糊涂地混过来一样。"想不到赫斯特听了笑嘻嘻地说："好，那明天你就来上班吧。"

以屈为伸方为真英雄！才华在没有兑现之前，是一文不值的粪土！所以我们一定要让自己智慧起来，懂得隐藏自己的拳头，在关键时刻才能猛力打人！要知道，我们这一生要做许多事，不可能每件都劳心费神、张扬冒进，我们应该轻舟漂水、进退自如。

在现实中，我们经常看到这样一种景象——很多人四处折腾、喊来喊去，生怕别人不知道他很聪明，他很忙，他在做事情……结果到头来，没见他做成一件大事，还是慷慨激昂却一无所有的老样子。岁月一天天地流逝，别人都变得越来越富有，他依旧朋友很少、收入很低，一大堆的理想等着实现。即使这样，他还在到处宣扬着自己的某个伟大计划，恨不得让全世界都听见。

在这个世界上，拼命穷忙而不得要领的人比比皆是。很多人之所以一辈子都碌碌无为，那是因为他活了一辈子都没有弄清楚该怎样去做人做事。一个人不管有多聪慧、多能干，背景条件有多好，如果不理解如何去做人做事，那么他最终的结局也是失败。他并不缺少才华，更不缺少勤奋，但每天的工作仍然毫无效果——因为不懂做人做事的基本方法，付出很多却得到很少。而那些在转眼间就能飞黄腾达的人，他们总能以最少的投入获取最大的成功——这是因为他们掌握了四两拨千斤改变命运的神奇手段！

所以，迈向成功的第一步，不是释放自己的能量，而是以屈为伸，隐藏自己的才华。我们当然需要表现自己的聪明才华，但在表现之前最好把它包装一下，做到进退自如，给自己留有余地！

装一装，恰到好处

《菜根谭》中有话说："人情反复，世路崎岖。行不去处，须知退一步之法；行得去处，务加让三分之功。"意思就是，人间世情反复无常，人生之路崎岖不平。在人生之路走不通的地方，要知道退让一步的道理；在走得过去的地方，也一定要给予人家三分的便利，这样才能逢凶化吉、一帆风顺。

洪应明在《菜根谭》中说："文章做到好处，无有他奇，只是恰好。"才智的使用也应如此，用至好处，只是恰好。当智则智，当愚则愚，愚也是一种智。必要时，装一装"低能儿"，做一做"糊涂人"，都是明智之举。

当一个人遭遇挫折的时候，或许会抱怨呐喊——我这么有才华，为什么却落了个穷困潦倒、一事无成的下场？苍天真是不公！苍天真的不公吗？非也，是他不懂基本的人情世故的缘故。这一切都是他自己造成的。当他面临人生败局时，是否应该自我反思一下呢？是否做得太过分了？是否目中无人，过于突出自己，忽视了众人的感受？是否自以为聪明绝顶，别人都愚不可及？一个人如果这样反思一番，就能找到问题的症结，然后对症治疗，等顿悟明澈之后，也就真正成熟起来了！

翻开《二十四史》，我们可以轻易地发现被小人运用阴谋诡计杀害的忠臣良将不计其数。一方面是因为小人过于奸诈残忍，另一方面又何尝不是因为被害者不懂玉韫珠藏的智慧呢？他们风头过于张扬，才华过于横溢，同时又目空一切，不把身边的同僚放在眼里，这样的人不掉脑袋才怪。

西方世界有这样一种说法："法兰西人的聪明藏在内，西班牙人的聪明露于外。"前者是真聪明，后者是假聪明。在人际交往中，我们一定不能自作聪明，要学会真聪明——切忌只知伸不知曲；只知进不知退；只知自我表现，不知韬光养晦。这样的话，我们即使才高八斗，也照样两手空空！

在社会上行走，我们每个人都要掌握这种低调隐忍的做人绝学。多一些深思熟虑，少一些锋芒毕露，千万不要把肚子里的"宝贝"像竹筒倒豆子一样全拿出来。若不懂这一道理，肚里有再多的宝贝，也终将成为别人的囊中之物！

机关算尽太聪明

刚踏入社会时，阅历较浅，沾染不良习惯的机会就比较少；经历的事儿多了，城府就会越来越深。其实，我们与其过于圆滑，还不如对生活保留朴实的态度；与其事事委曲求全、谨慎小心，倒不如豁达开朗地去做事，依据自我的本性去待人接物！

在这个世界上，我们到处可以看见自以为是的聪明人。他们无时无刻不在闪动着炯炯有神的眼睛，他们无时无刻不在精明地计算着什么。在他们面前，有时候你会感到自己为什么这样笨？最终你会有个疑问——这些貌似聪明的人难道真的很聪明吗？而那些貌似很笨的人是否真的很笨？

真聪明和假聪明混杂在一起，让人不知道究竟谁是聪明人谁是傻瓜。但是没关系，一切都可以用事实来证明。你只需要看看最终的结果就明白了：看似很聪明的人每天四处折腾，到最后仍然是一无所获，而那些看似很笨的人不动声色却拥有了一切，人生中的权势、地位都是水到渠成。他们绝对拥有自己的独门手段，但他们又深藏不露，从表面上你看不出丝毫蛛丝马迹。他们仿佛笨蛋，但事实证明，他们才是真正聪明的人。

不怕不聪明，就怕太聪明。一个人聪明一过头便会陷入盲目，便会目中无人，便不知天高地厚，这个时候看似很聪明的人其实就已经等于半个傻子了！这只不过比笨蛋多了一分胆量，比傻瓜多了一分虚伪，比白痴多了一些花样。其实，这种“聪明”并不比笨蛋、傻瓜、白痴强到哪里去，而是更可怜、更可厌、更可悲。他们的这种心计是一望而知的，他们成了众人口中的小人，但事实上，他们虽然落了个小人的骂名，最终并没有得到什么实惠。他们依然穷困潦倒地狼狈着。

《菜根谭》中有句话说：“聪明人宜敛藏，而反炫耀，是聪明而愚懵其病矣，如何不败？”意思就是，聪明有才华的人应该掩藏自己的才智，如果到处炫耀张扬，那么他的言行就跟愚蠢无知的人没有什么区别，他的事业哪有不失败的道理？这是那些自以为是的聪明人一定要牢记的座右铭。

在这个世界上，处处可见小聪明者的身影，大智慧者却寥寥无几。小聪明以自我为中心看问题，有种别人都是笨蛋，唯有我最聪明的炫耀。这种聪明是表面上的，就像漂在水面的一层油，看似光彩亮丽，其实并没有深入水的内部去。但真正的聪明是什么呢？是一种大智大勇的谋略和远见——不动声色，大智若愚，运筹帷幄，有种水滴石穿的坚韧，有种任你千变万化，我早已将你看穿的沉稳。这就像一个貌似没啥了不起的风险投资人，到投资项目的关键时刻，一投就是几个亿，而且出手必中！

如果说大智慧是深刻，那么小聪明则是肤浅；如果说大智慧是战略，那么小聪明是战术；如果说大智慧看到的是西瓜，那么小聪明看到的是芝麻。这是两种完全不同的境界，一个是一飞几万里，一个则是跳跃几十步；一个是说句话掀起暴风骤雨，一个则是整天叽叽喳喳却讨人嫌！

真正聪明的人都懂掌握“度”，太聪明了反倒不如不聪明。

卧薪尝胆

春秋末年，吴越两国军队展开激战，结果越国被打得大败，越王勾践只带了五千残兵败将逃到会稽山（在今浙江中部）。吴兵又层层围攻，勾践无奈，只得听从大夫范蠡的劝告向吴王夫差投降：“勾践情愿为大王做臣子，而我的妻子也愿意为大王做妾。”吴王夫差尚存一丝仁慈之心，缺乏猛追穷寇、斩草除根的决心，见越王如此谦卑，就不顾大夫伍子胥的反对，答应了勾践的请求。于是，勾践带着妻子来到吴国。想当初，越王夫妇二人是何等的尊贵，而现在却穿着打工的短衫布裙，干着养马除粪的粗活，而且一干就是三年，毫无怨恨之意。这一切，都被夫差看在眼里。夫差认为勾践表现得不错，能悔过自新，于是，也就放松了对他的管制。

后来夫差得了一场重病，过了三个月还未痊愈。勾践听说了这件事后，认为这是一个极好的可用之机，于是在夫差召见时，跪在地上，请夫差让他“尝尝大王的粪便，以判断病情”说着，便用手捞起夫差的粪便，津津有味地咀嚼着。过了好一会儿后，勾践忽然满脸笑容，大声说道：“囚臣勾践再次恭贺大王，大王的病马上就要好转了。”夫差听了，将信将疑，问道：“你怎么能知道呢？”勾践回答道：“臣过去曾师从名医，对如何从粪便观察病情颇有研究。凡粪便的气味与节气相顺，就无大病。如今大王的粪便其味酸苦，顺应了春夏之气，由此可知大王的病很快就会好转。”夫差听后十分感动，情不自禁地称赞起勾践:“你真是一个好人!”于是就让勾践搬到宫中居住，勾践终于如愿以偿。

范蠡又用重金买通夫差身边的侍臣，向吴王进献绝代佳人西施。夫差见了西施，顿时神魂颠倒，于是投桃报李，特赦勾践。

勾践回到了越国，刻苦自励，立志复国。他叫文种管理政治，范蠡训练军队，号召全国人民，发愤图强，准备以十年的时间奖励生养、积聚财物，并在这十年之中，加紧教育、训练军民，即所谓“十年生聚，十年教训”，计划十年后打败吴国。勾践为了坚持锻炼自己的斗志，不忘国耻，不睡好床，而睡在柴薪上，饭前总要尝一下苦胆，以激励自己发奋图强。这就叫“卧薪尝胆”。

功夫不负苦心人，没出十年，越国就发展壮大了起来。只一仗越国就打败了吴国。又过了几年，勾践带着文种、范蠡亲自率领大军进攻吴国。吴军大败，夫差逃到姑苏山（在今江苏苏州西南），派大夫公孙雄赴越求和。勾践不愿重蹈夫差纵虎为患的覆辙，只同意保留夫差一条性命。夫差愧恨交加，伏剑自杀。这样，勾践就取代吴王夫差，成了新的霸主。

在敌对国之间的政治争斗中，弱国一方似乎更需要依赖韬晦之术。通过自甘示弱，表面上向强国一方表示臣服顺从，甚至不惜采取丧权辱国、赔款割地等极端的措施，来换取强国对弱国生存的容忍和许可，并且尽可能地有意夸大本国弱小的程度，使强国一方感到无足轻重而掉以轻心，从而创造出积蓄力量、改变力量对比、以弱克强、以小胜大的可能性。

勾践可以说是最了不起的善于忍耐者。从一国之君而沦为执役之奴，没有非凡的忍耐力，是承受不了这么大的地位反差的；尝人粪便，经羞辱而不怒，没有非凡的忍耐力，是承受不了这么巨大的精神折磨的；漫漫十年，没有非凡的忍耐力，是经受不了这么漫长的岁月考验的。然而，勾践都忍耐下来了。正因为他有非凡的忍耐力，才最终成就了非凡的事业，复国雪耻，夺回了丧失的权力。

请教请教，给人面子

请教，是一种低姿态。它的潜在含意是，尊重他人的权威，承认他人的优越性。

美国总统林肯就是这方面的表率。年轻时他与他的上司关系并不融洽，为了改善上下级的关系，他得知这位议员很喜欢读书，他便三番五次地向他请教学问。由于他摸到了上司的爱好，并能虚心讨教，一来一往之间，那位上司也改变了他对林肯的成见，林肯在后来的仕途上的进步，也得到了他的大力支持。

许多研究者发现，“认同”是人们之间相互理解的有效方法，也是说服他人的有效手段，如果你试图改变某人的个人爱好或想法，你越是使自己等同于他，你就越具有说服力。

有经验的说服者，他们常常事先要了解一些对方的情况，并善于利用这点已知情况，作为“根据地”、“立足点”，然后，在与对方接触中，首先求同，随着共同的东西的增多，双方也就越熟悉，越能感受到心理上的亲近，从而消除疑虑和戒心，使对方更容易相信和接受你的观点和建议。

下属在提出建议之前，先请教一下自己的领导，就是要寻找谈话的共同点，建立彼此兼容的心理基础。如果你提的是补充性建议，那就要首先从明确肯定领导的大框架开始，提出你的修正意见，作一些枝节性或局部性的改动和补充，以使领导的方案或观点更为完善，更有说服力，更能有效地执行。

如果你提出的是反对性意见呢？有人会说，这到哪里去找共同点呢？其实不然，共同点是不仅仅局限于方案的内容本身的，还在于培养共同的心理感受，使对方愿意接受你。而且，可以说，越是你准备提出反对，你就越可能招致敌意，因而越需要寻找共同点来减轻这种敌意，获得对方的心理认同。此时，虽然你可能不赞成你的上司的观点，但你一定要表示尊重，表明你对它的理性的思考。你应设身处地地从领导的立场出发来考虑问题，并以充分的事实材料和精当的理论分析作依据，在请教中谈出你自己的看法，在聆听中对其加以剖析。只要你有理有据，领导一定会心悦诚服地放弃自己的立场，仔细倾听你的建议和看法。在这种情况下，领导是很容易被说服而采纳你的意见和建议的。

请教会增加领导对下属的信任感，当你用诚恳的态度来进行彼此的沟通时，领导会逐渐排除你在有意挑“刺”，你对领导不尊重等这些猜测，逐渐了解你的动机，开始恢复对你的信任。

所以，低姿态的方式不仅仅是一种手段，而且是一种态度。你越会充分地运用这种方法，你就越有可能赢得你上级的心。

真聪明，不张扬，不卖弄

君子之心事，天青日白，不可使人不知；君子之才华，玉韫珠藏，不可使人易知。

君子的内心像青天白日一般明朗，光明正大，没有一丝一毫的阴影与黑暗。但他的才华和能力却应该像珠玉一样深深地藏起来，不可轻易向世人炫耀。

世间往往有这样一种奇怪的现象——越是有本事的人，他们往往越低调，看上去就像什么都不会一样。而那些经常显摆自己无所不能的人，到了关键时刻就腿软，其实什么都做不好。

《道德经》中说的“大智若愚，大巧若拙”，听起来好像是让人装笨装糊涂，其实不然，其中有着很深刻的为人处世的道理——隐藏自己的聪明，不做挨打的出头鸟。炫耀自己的人，从来都是优点打折，而缺点却暴露无遗。这个道理看看孔雀开屏就全明白了——孔雀在开屏的时候，在炫耀自己绚烂羽毛的时候，往往也露出了最丑陋的屁股。如果你炫耀自己的聪明，你最愚蠢的一面就呈现在众人面前了。

有一个师父去非洲旅行，他和门徒们来到一家客店过夜。客店的老板前来请教问题，他说自己有两个妻子，一个很美，另一个很丑。

“不过，问题是，我爱那个丑的，而讨厌那个美的。”老板说。

师父问：“怎么回事？”

“那个美的太炫耀她的美了，这使她变得很丑，而另一个意识到自己很丑，变得十分低调、谦虚，这使她变得很美。”

那个美的一直在想自己是美的——她变得骄傲了。当你骄傲的时候，怎么可能美丽呢？她变得十分自我，自我是不可能让一个人变成美丽的天鹅。另一个丑的，当她意识自己是丑的，她变得谦逊了，而谦逊有它自己的美。

所以那个老板说：“我很困惑，我爱那个丑的，而我恨那个美的，请你解决我的困惑。”

师父叫来所有的门徒说：“不要骄傲你是聪明的，否则你就是无知的。如果你认为你是无知的，你就是聪明的。”

几年以后，这个师父再次访问这家客店，老板对他说：“令人困惑的事情又发生了！上次你来我这里，我向你提过这个问题，你把它解决了。但是，从此以后，一切都改变了。那个丑的变得以她的谦逊为骄傲，变得自以为是，现在我不爱她了。不仅她的身体是丑的，现在她的本质都变丑了。而那个美的，她知道对美丽的骄傲破坏了自己的美丽，惭愧不已，变得谦虚了。现在我开始爱她，不仅她的身体是美丽的，她的本质也变得很美丽了。请你告诉我，这到底是怎么回事？”

师父说：“请让我保持沉默，如果我说了什么，那么这个故事又会发生一次转变。所以，保持沉默！”

世情就是这样奇妙，当一个美丽的女人炫耀自己的美丽时，她就开始变得丑陋！当一个聪明人炫耀自己的聪明时，他就开始变得愚蠢。我们可以继续延伸——一个本来很有才华的人，当炫耀自己的才华时，才华就开始变得一文不值了！一切都在悄悄地发生变化，仿佛其中有魔鬼在控制一般。我们每个人都逃脱不了这样的控制，这就是人心的复杂之处。你的态度可以创造一种美丽，也可以毁掉一种美丽。聪明是可以创造和修炼的，而自作聪明也可以变得像粪土一样廉价和令人生厌。

《菜根谭》中有这样一段话:“利欲未尽害心，意见乃害心之蟊贼；声色未必障道，聪明乃障道之藩屏。”意思就是说，名利和欲望未必都会伤害自己的本性，而刚愎自用、自以为是的偏见才是残害心灵的毒虫；淫乐美色未必会妨碍人对真理的探求，自作聪明才是修悟道德的最大障碍。在现实中，许多人正是因为急于表现才智，才导致四处碰壁、举步维艰。

第六章 不轻信他人，不轻易承诺

古人云——

“害人之心不可有，防人之心不可无。”

“逢人只说三分话，未可全抛一片心。”

在这个世界上，如果人与人之间都可以相互信任，那么有许多纠纷、矛盾和冲突就会消除，大多数的法律条文便可以成为虚设，诸如“三权分立”，监督监察之类的机构也无存在的必要。然而，现实并非如此。更有甚者，别人还会利用你的信任来要挟你，利用你的信任谋取自己的利益……所以，韩非子才会忠告那些君主：“人主之患在于信人，信人则制于人”。

防人之心不可无

人多当然好办事，三个臭皮匠，能顶一个诸葛亮。不过，在茫茫人海中要找寻到合适并且可靠的合伙人，并不是一件容易的事。如果选人不当，你做生意时就有可能被弄得鸡犬不宁。

在有些情况下，做生意如果准备采取合伙经营方式，那么一定要注意选好合伙人。因为一旦决定采取合伙方式，那么公司之内就会多一两个负责人。

一个好汉三个帮。寻找合伙人应本着“互补”的原则，即每一个合伙人不论是在专业知识上，还是在资金及个人性格方面，都应该有其长处和优点，若能够相互配合，管理上就可以进行合理的分工，不同专长的人各负其责，就可以进行有效的管理，从而提高公司的效率。当然，这里所说的“互补”必须是建立在可靠的基础之上。在创业伊始，没有可靠做基础的“互补”是毫无意义的。如果合伙人来历不明，身份和背景都令人怀疑，那你在合伙做生意时，就绝对要小心留意。

所谓“防人之心不可无”，虽说合伙人可能是你的朋友，但“利”字当头，谁能保证对方不会财迷心窍而中饱私囊，甚至为了自己的利益，而出卖公司的利益？如果某一不良合伙人是负责管理公司的财务，万一他把公司的银行户头结存通通提走，所有合伙人的血汗资本与赢利就会化为乌有。生意的运作骤然间搁浅了，公司能否生存下去也只好听天由命了。

有的人很有野心，不想长期与别人同分一杯羹。有朝一日准备另起炉灶，重打锣另开张，原有的客户就可能成为该不良合伙人新公司的主要财路。当这些基本客户被揽走之后，生意便难以继续维持下去，即使勉强能应付也可能一落千丈，再也无法恢复当初的“元气”了。

不良合伙人的手段是多种多样的。还有可能通过做假单、偷工减料、亏空公款、吃回扣等方式，干一些损公肥私的勾当。假如他只是个股资最小的合伙人，但在采取上述不良行动后，其利益所得很可能反而是所有合伙人中拿得最多的人。因此，与人合伙做生意，真可谓是步步惊险。所以，生意人开始最好是独自创业，如果不具备独自创业的条件，那么在寻找生意上的合作伙伴时，一定要格外用心。

在商场上出卖朋友的人也为数不少，也并不能对朋友合伙人丝毫不加提防。

行家经验丰富，是合作的好对象。过去生意上的同行，有时也可以联起手来做生意，由于大家均有一定的行业经验，出现欺诈、捣鬼的情况比较少见。

做事应抱着长远的眼光考虑。选好合伙人不仅是合伙做生意的第一步，在以后的合伙做生意当中，还要随时提防合伙人之间的内讧，即发生“窝里斗”。

俗话说:“先小人，后君子”、“亲姐妹明算账”，合伙公司的存在，主要是建立在各合伙人的口头或书面协议上。为了日后合伙人之间减少不必要的纠纷与麻烦，合伙协议最好以白纸黑字的形式写好，并进行法律公证，如遇到业务、利润分配等问题上的重大分歧，合伙协议是唯一可以遵循的根本大法。

大家在一起就是一种缘分。合伙做生意就和谈恋爱一样，既不可能没有争执，也不会一帆风顺，更不会天天过年，只要各合伙人都时刻牢记要宽容对方、体谅对方，知道怎么样去修补彼此间的矛盾、怎样去弥补工作上的失误，这才是最重要的。再说，既然哥儿几个有缘在一起合作，总归是一种缘分，“和气生财”嘛，最好还是大家齐心协力赚大钱。

当然，天下没有不散的宴席。如果出现严重的分歧，各合伙人实在无法继续合作下去，那就好合好散，若是勉强维持合作关系，不仅对公司效益没有帮助，还可能加深甚至激化各合伙人之间的矛盾，到那时就会形成无法收拾的局面。

逢人只说三分话，未可全抛一片心

俗话说:一言可以兴邦，一言可以乱邦。所以老于世故的人，对人总是唯唯诺诺，可以不开口的，就尽可能做到三缄其口。

在现实中，正人君子有之，奸佞小人有之；既有坦途，也有暗礁。

在复杂的环境下，不注意说话的内容、分寸、方式和对象，往往容易招惹是非，授人以柄，甚至祸从口出。人只有安身立命，适应环境，才能改造环境，顺利地走上成功之道。因此，说话小心些，为人谨慎些，使自己置身于进可攻、退可守的有利位置，牢牢地把握人生的主动权，无疑是有益的。况且，一个毫无城府、喋喋不休的人，会显得浅薄俗气、缺乏涵养而不受欢迎。

随便说话的害处是非常多的。比如某君有不可告人的隐私，你说话时偏偏在无意中说到他的隐私，言者无心，听者有意，他会认为你是有意跟他过不去，从此对你恨之入骨;他做的事，别有用心，极力掩饰不使人知，如果被你知道了，必然对你非常不利。如果你与对方非常熟悉，绝对不能向他表明，你绝不泄密，那将会自找麻烦。唯一可行的办法，只有假装不知，若无其事;他有阴谋诡计，你却参与其事，代为决策，帮他执行，从乐观的方面来说，你是他的心腹，而从悲观的方面来说，你是他的心腹之患。你虽然谨守秘密，从来不提及这件事，不料另有人识破机关，对外宣告，那么你无法逃掉泄露的嫌疑。你只有多多亲近他，表示自己并无二心，同时设法侦察泄露这个秘密的人;万一对方对你并不十分信任，你却极力讨好他，为其出谋划策，假如他采用你的话，而试行的结果并不好，一定会疑心你在有意捉弄他，使他上当。即使试行结果很好，他对你也未必增加好感，认为你只是偶然发现，不能算你的功劳，所以，你在这个时候还是不说话为好;对方获得了成功是由于采纳了你的计策，而他又是你的上司，那么他必然会怕好名声被你抢去，内心惴惴不安。你知道这一情况后，就应该到处宣扬，逢人便说，极力表示这是上司的计谋，是上司的远见，一点也不要透露你曾经出了什么力量。

你有得意的事，就该与得意的人谈;你有失意的事，应该和失意的人谈。

说话时一定要掌握好时机和火候，不然的话，一定会碰一鼻子灰，不但目的达不到，而遭冷遇、受申斥也是意料中的事。有些奸佞小人，巧妙地利用了别人在说话时机、场合上的失误，拿他人当枪使，以达到损人利己的目的。

有句老话叫做“祸从口出”，为人处世一定要把好口风，什么话能说，什么话不能说，什么话可信，什么话不可信，都要在脑子里多绕几个弯子，心里有个小九九。害人之心不可有，防人之心不可无。一旦中了小人的圈套为其利用，后悔就来不及了！每个人都有自己的秘密，都有一些压在心里不愿为人知的事情。同事之间，哪怕感情不错，也不要随便把你的事情、你的秘密告诉对方，这是一个不容忽视的问题。

当别人看透或者知道你的心事的时候，你的脆弱就会暴露在别人面前。任何人若能在保守秘密这个问题上处理得当，就不会因泄露秘密而把事情搞得复杂化。

许多人有一个共同的毛病：肚子里搁不住心事，有一点点喜怒哀乐之事，就总想找个人谈谈；更有甚者，不分时间、对象、场合，见什么人都把心事往外掏。

其实这也没有什么不对，好的东西要与人分享，坏的东西当然不能让它沉积在心里，要说可以，但不能“随便”说，因为你每个倾诉对象都是不一样的，说心里话的时候一定要有“心机”，该说则说，不该说千万别说。

处理心事要慎重，因为心事的倾吐会泄露一个人的脆弱面，这脆弱面会让人改变对你的印象，虽然有的人欣赏你“人性”的一面，但有的人却会因此而下意识地看不起你，最糟糕的是脆弱面被别人掌握住，会形成他日争斗时你的致命伤，这一点不一定会发生，但你必须预防。

其次，有些心事带有危险性与机密性，例如你在工作上承担的压力，你对某人的不满与批评，当你快乐地向别人倾吐这些心事时，有可能他日被人拿来当成反驳你的武器，你是怎么吃亏的，连你自己都不知道。那么，对好朋友应该可以说说心事吧！答案还是：不可随便说出来。你要说的心事还是要有所筛选，因为你目前的“好”朋友未必也是你未来的“好”朋友，这一点你必须了解。

一个人若能在保守秘密这个问题上处理得当，就不会因泄露秘密而把事情搞得复杂化，或者使自己陷入身败名裂的境地，从而保持良好的个人形象，成就一番事业。

当你和别人共同拥有一个秘密时，往往你会因这个秘密同对方拴在了一起。这对你灵活机动地处理事情是一个障碍，在处理一件事时，你往往要考虑他的利益，这可能会使你做出违背原则的事。同时，对方可能会在关键时刻，拿出你的秘密作为武器回击你，让你在竞争中失败。

即使是对家里人，也不可强硬把心事说出来。譬如说，你的配偶对你的心事的感受与反应并不像你预期的那样，他因此对你产生误解，甚至把你的心事也说给别人听。

然而，闭紧心扉，心事“滴水不漏”也不是好事，因为这样你就成为一个城府深，心机沉，不可捉摸与亲近的人了。如果你本来就是这样的人，那没有太大关系，如果不是，给了别人这种印象是划不来的。

所以聪明的人在交谈时，会把局势扭转到对自己有利的一方。说说无关紧要的心事给周围的人听的同时，多听听别人的心事，别人就会因你多听而多说，他说得越多，你知道的就越多！少说，不但可以导引对方多说，还可以避免流露自己的内心秘密，一切的一切，都在你的掌握之中。

在现实中，正人君子有之，奸佞小人有之；既有坦途，也有暗礁。在复杂的环境下，不注意说话的内容、分寸、方式和对象，往往容易招惹是非，授人以柄，甚至祸从口出。人只有安身立命，适应环境，才能改造环境，顺利地走上成功之道。因此，说话小心些，为人谨慎些，避开生活的误区，使自己置身于进可攻、退可守的有利位置，牢牢地把握人生的主动权，无疑是有益的。况且，一个毫无城府、喋喋不休的人，会显得浅薄俗气、缺乏涵养而不受欢迎。单位所办的各种聚会，自然要参加，与同事或朋友或朋友及上司打一两场“社交麻将”也有必要，但有一点要记着：莫可随便交心。

“模糊表态”，免留把柄

“模糊表态”的意思是指不要在信息不周全、周围人群意图不明确的情下轻下结论，轻易作出承诺，轻易站队，多给自己留后路，对别人的请求或者是意见作出间接的、含蓄的、灵活的表态，以免给他人留下把柄，承担不必要的责任。

当单位领导就某项决策征求你的意见，或朋友、同事有求于你的时候，在表明自己的意见时，别忘了给自己留一条后路。例如当你在单位决策上发表自己看法时，别忘了加上一句，“这仅仅是我个人的想法，还要看领导的最终决定。”当你许诺别人的时候，也最好加上一句“我一定尽力帮你，但……”之类的附属语。

固然，事情办妥了皆大欢喜，但万一出现问题每个人为了自保都会推卸责任，而关键就在当时大家发表意见时每个人的表态上了。一言既出，驷马难追，你就必须对你自己的话负责。

某化妆品公司的产品销售部经理在对新产品进行市场预测时，总是先要开公司会议，还经常叫其他部门共同讨论，而且还经常私底下征求下属的个人意见。

一次，开会的时候，公司新来的两个员工马明和王雨表达了自己的独特看法，得到了销售部经理乃至公司领导的好评。而且，两人在阐述自己看法的同时，还强调说要是按照他们的方法做一定会成功。销售比经理当即表示要他们俩拟出一份详细的销售计划书，公司一定会认真考虑。此话一出，马明和王雨欣喜若狂。作为新人的他们能够得到经理如此重视，认为是自己的机会到了。但是新产品上市后，销售情况一直不见好，这令销售部经理非常恼火。

公司决定调整销售策略，当公司追究这个问题责任的时候，马明和王雨成了众矢之的，结果不但被领导责骂还被扣了奖金。说错话是难免的，他们最大的问题就在于不懂得“模糊表态”的方法，最终留下了话柄。开会时不仅表明了自己的看法，还在后面加上“一定能够成功”的话，这种飘飘然的自夸，不留后路的表态方式也注定了他们最后要自讨苦吃。产品部经理和其他同事或许也有责任，但在公司要追究责任的时候，完全可把责任都推到马明和王雨身上，因为话是他们说的，计划也是他们俩做的。

所以，当别人征求你意见的时候，在阐述自己想法时，一定要注意“话不说死”，千万别忘了加上一句“这仅仅是我个人的想法，还要看您自己最终的决定。”这样既表达了自己的看法，关键时刻还不用负责任，达到明哲保身、留有后路的目的。

有时候“话不说死”还可以作为拒绝别人的最佳方法，即留给了对方的面子，也不会让自己为难。它可以为对方保留一点希望，有利于稳定对方的情绪。

当有人要求你解决或答复问题的时候，他的内心其实一定寄予厚望，希望事情能如愿以偿，完满解决，你也是真心想帮他，但万一你最后因种种突发原因未能做好，就会让他们失望甚至失信于人。所以，此时最明智的做法就是，在允许的范围内“含糊其辞”，不把话说死。只有这样才能进退自如，避免在未兑现许诺时，影响了自己的人际关系，或使对方不愉快并长时间耿耿于怀，甚至让自己陷入被动的境地。

事如所料，进行得顺利，当然是皆大欢喜、相安无事；而一旦事与愿违，让别人抓住话柄，吃了亏就是自作自受了。

事有法而无定法，“模糊表态”不可生搬硬套，要灵活运用。该明确表态时不可含糊其辞，不然就显得没自信；而该模糊时也不可明确，否则就过于武断。当然，这绝非易事，这就要看自己的判断力了，但无论如何不可信口开河地下结论、做承诺。

保持距离，小心烫着

“君子之交淡如水，小人之交甘若醴；君子淡以亲，小人甘以绝”，碰到突然升高热度的友情，只有冷静对待，保持距离，才不会被烫着。

如果你和某人只是普通朋友，谈不上交情；如果你和某人曾是好友，但有一段时间未联络，感情已经淡了。如果这样的人突然对你热情起来，那么你应该有所警觉，因为这种行为表示他可能对你有所企图。之所以用“可能”这两个字，是为了对这样的行为保持一份客观，避免以小人之心度君子之腹，误解对方的好意。因为人是有感情的动物，他有可能在一夜之间，因为你的言行而对你产生无法抑制的好感，就像男女互相吸引那样。不过这种情形不会太多，而你也要尽量避免这种联想，碰到突然升高热度的友情，只有冷静待之，保持距离，才不会被烫到。

近代知名学者王国维博闻强记，智力过人，在甲骨文研究上卓有成绩，得到了罗振玉的赏识，两人结为朋友，后来又成了儿女亲家。王家贫困，罗经常在经济上接济王国维，但目的却是把王国维当做赚钱的机器。罗振玉因为有钱，大量收进甲骨，由王国维来考释，发表文章的署名都是用罗振玉的名字。最后，由于经济上有困难，使王国维这样不可多得的才子在壮年便投湖自尽。

要分析这种“友情”是否含有“企图”并不难，首先是看看自己目前的状况，是否握有资源，例如有权有势？如果是，那么这个人有可能对你有企图，想通过你得到一些好处；如果你无权也无势，但是有钱，那么这个人也有可能会向你借钱，甚至骗钱；如果你无权无势又无钱，没什么好让别人求的，那么这突然升高热度的友情基本上没有危险——但也有可能“项庄舞剑，意在沛公”是想利用你这个人来帮他做些事，例如有些人就被骗去当劳力；或是重点在你的亲戚、朋友、家人，而你只是他过河的踏脚石。

从自己本身的状况检查这突然升高热度的友情真的没有“危险”之后，

你的态度仍要有所保留，因为这只是你的主观认定，并不一定正确，所以面对这突然升高热度的友情，你要做到以下几点：

不推不迎，收放自如

“不推”是不回绝对方的“好意”，就算你已经看出对方的企图也不要立即回绝，否则很可能立即得罪一个人；但也不可迫不及待似的迎上去，因为这会让你抽身不得，抽了身又得罪对方，把自己变得很被动。不推不迎就好比男女谈恋爱，回应得太热烈，有时会让自己迷失，若突然斩断“情丝”，则会惹恼对方。

冷眼以观

“冷眼”是指不动情，因为一动情就会失去判断的准确性，此时不如冷静地观看他到底在玩什么把戏，并且做好防御，避免措手不及。一般来说，对方若对你有所图，都会在一段时间之后就“图穷匕现”，显现他的真目的，他不会跟你长时间耗下去的。

投桃报李

对这种友情，你要“礼尚往来”，他请你吃饭，你送他礼物；他帮你忙，你也要有所回报，否则他若真的对你有所图，你会“吃人嘴软，拿人手短”，被他牢牢地控制住。想要临事脱逃，恐怕没那么容易。

“害人之心不可有，防人之心不可无”。因此，对突然升温的友情要注意。好朋友贵在交心，深厚的友谊无需靠丰盛的宴席作为铺垫。为共同的事业、共同的目标一起奋斗的伙伴，彼此之间有着共同的追求，会对彼此有着深深的理解。

上下有别

在现实生活中，亲密并非无间，就算是好朋友也会因为交往过于密切而分道扬镳。老板与上司之间更是如此。上下级之间的确可能建立友谊，但是友谊过深，过多地参与老板的秘密，却是应当避免的。

如果说过多介入老板的私生活已经使你脱离了与老板的正常关系，那么了解老板的个人秘密和事业上的秘密对你更没有好处。

曲丽在一家外企做行政，由于她聪明伶俐，公司的几个部门的主管都比较喜欢她，也愿意与她交谈，或让她替他们办一些私事。尤其是人事部的李主管，对她非常信任，有时把自己的私事和公司主管之间的一些事情也讲给她听。

曲丽觉得这些事很新鲜、好奇，所以后来在与一个同事或朋友闲谈时就把李主管讲的事情说了。没想到同事或朋友把她的话如实地告诉了李主管，曲丽则在李主管找她作了一番貌似肯定实则否定的谈话以后，把她调离了现在待遇丰厚的大公司，让她去分公司做一名小前台，让她从头锻炼。

你和你老板的地位的确是不同的，至少在你们建立关系的组织范围里情况是这样。亲密的关系有一种平等化的效应，这可能扭曲老板与你之间正常的上下级的工作关系。老板告诉你一个秘密，如果被泄露，他将受到伤害。起先你也许会因为是老板密友，和老板无话不说时而洋洋得意，可是老板已经给了你反对他的利器，他迟早会后悔的。接着你们的密友关系便会尴尬。即便老板对你吐露的秘密仅仅局限于公司内部的事情，这仍会带来麻烦。你介入的越深，会发现自己的行动越不自由。

值得你注意的是，频繁地与老板接触也是在浪费你自己的时间，而你本来可以利用它来做更多有益的事情。值得人们为其工作的老板都想看到你多做工作而不是想常常看见你的面孔。当你正忙于接触老板的时候，别人也许在完成他的计划和解决他的问题。

通常情况下，领导都很喜欢和群众交朋友，因为常常有这方面的报道，说某某领导和某个党外人士结为知己，某某领导和某个小朋友结为棋友，某某领导和某个工友友谊常青等等。但只要留心，就会发现这些领导和他的朋友通常都不在一个单位和系统，也就是说，这些领导实际上不是他的朋友的领导。他只是比他的朋友级别高而已。

很少有领导像要求下属那样要求自己。这并非说领导虚伪，也的确不是虚伪，只是一种职业习惯和角色需要。演员在台上当了好人，在台下照样当坏人，或者在台上当了坏人，在台下照样当好人。领导在人前当了圣人，在人后也只有当俗人，但转换角色总没有演员自然，总有些尴尬。因为领导在心理上不可能像演员那样坦然承认自己是在演戏。领导通常都忌讳自己在人后当俗人的一面让群众知道。所以，领导通常有把群众排斥在自己的普通生活圈以外的习惯。因此，领导通常都没有下级朋友。所以，我们不要指望领导和我们交朋友。

但假如我们已经是领导的朋友了，或是我们和他先是朋友，后来他才成为领导。我们应该识时务者为俊杰，赶紧撤退。领导需要保持人前的神圣和尊严，但作为朋友，我们早就知道他在人后的庸俗。这种情况是最危险的。他可以在别人面前坦然保持神圣和尊严，在我们面前是继续通俗还是继续神圣？这是一个难题，这就是尴尬。

中国历史上没有不杀功臣的皇帝，可以共患难，不能同富贵。狡兔死，走狗烹，飞鸟尽，良弓藏，这是被无数事实换来的长叹。人们通常只注意到这个现象的社会原因，忽略了皇帝这个领导或者领袖的职业的心理因素。

所以，我们的朋友一旦当了我们的领导，我们千万不要高兴，不要以为对自己有好处，我们最好离他远远地，忘掉和他曾经是朋友，时刻提醒自己，他已经是我们的领导。如果我们真的把他当朋友，我们就体谅他作为领导的难处，维护他做领导的神圣和尊严。我们远离他后，或许他会感谢我们，在适当的时候照顾我们一次。

办不好的事还是不办好

当同事或朋友或亲友托你办某事时，当上司委托你做某事时，请你一定不要不假思索地满口应承。至少也要冷静 1 分钟，在大脑中转一个圈子，考虑这件事自己能不能办得到，办得好。把自己的能力与事情的难易程度以及客观条件是否具备结合起来统筹考虑，然后再做决定。

为同事或朋友或亲友办事，应该是自己应尽的责任，如果不帮他办，可能会感觉情理上不太对劲，有时事情尽管很难办，也不得不勉强答应;作为下级，对于上司委托给自己的事，虽然不乐意，但又不好拒绝。这种搪塞性的应承，可能会对自己产生不利。你可能没有考虑到，如果为了一时的情面接受自己根本无法做到或无法做好的事情，一旦失败了，同事或朋友、亲友、上司就不会考虑到你当初的热忱，只会以这次失败的结果来评价你。

如果，你认为这是上级拜托你的事不好拒绝，或者害怕因拒绝会引起上司不高兴而接受下来，那么，此后你的处境就会更艰难。所以，办事要量体裁衣，自己感到难以做到的事，要勇敢地鼓起勇气，说声:“对不起，我实在无能为力，您是否可以另找别人?”或者“实在抱歉，我水平有限，只能让您失望了。我想，如果我硬撑着答应，将来误了事，那才对不起您呢!”这样，你才是真正会办事的人。否则，将来丢脸的肯定是你。

不该办的事就不能办

在这个世界上，我们毕竟不能独来独往。办自己的事情时，有时要涉及到别人的利益。因此，我们在处理事情的过程中，必须全盘衡量，把握分寸，协调好各方面的利害关系，在争取我们自己利益的同时，绝不能伤害他人。

有些事情，不该办时就不能办，一旦办了，可能就违法、违情、违理，使自己或别人遭受名誉、经济或地位的损害。当有人违背你的人格信念而托你办事时，你也绝不能贪图一时之利，而不负责任地答应他，纵容他，一定要慎重考虑可能引起的后果。如果有人想整治别人，编造假的事实，求你出面作伪证，或者有人想让你同他一起干违法乱纪的勾当，如果你不想与其同流合污，就应有勇气拒绝这类无理的要求。

另外，有人请你代其完成工作时，如你的同事或朋友把自己份内的工作往你身上推，此类情况，都应拒绝。因为，形形色色的人们在社会舞台上都扮演了不同的角色，每一个人都有自己的责任和义务。既然承担了某种社会责任或契约，就应该践约。如果，当他们不能完成任务时，你也为他们去分担责任，那你是明帮暗害他们，因为那样做束缚了他们的自信心，助长了他们的依赖性。

的确，拒绝别人的要求是件不容易的事，大家都有体会。而当别人央求你，你又不得不拒绝的话，更是叫人头痛的，因为每个人都有自尊心，希望得到别人的重视，同时也不希望别人不愉快，因而，也就难以说出拒绝之话了。

不过，当你经过深思熟虑，知道答应对方的要求将会给你或他带来伤害时，那么，就应该拒绝，而不要为了面子问题，作出违心的事来，结果对双方都无好处。

办不了的事，不要接手

一些比较不错的朋友托我们办事时，我们为了保全自己的面子，或为给对方一个台阶，往往对对方提出的一些要求，不加分析地加以接受。

但不少事情并不是你想办就能办到的，有时受各种条件、能力的限制，一些事是很可能办不成的。因此，当朋友提出托你办事的要求时，你首先得考虑，这事你是否有能力办成，如果办不成，你就得老老实实地说，我不行。随便夸下海口或碍于情面都是于事无补的。

当然，拒绝别人的要求也的确是件不容易的事。日本一所“说话技巧大学”的一位教授说:“央求人固然是一件难事，而当别人央求你，你又不得不拒绝的时候，也是叫人头痛万分的。因为，每一个人都有自尊心，希望得到别人的重视，同时我们也不希望别人不愉快，因而，也就难以说出拒绝之话了。”的确，在承诺与拒绝两者之间，承诺容易而拒绝困难，这是谁都有过的经验。

有人来托你办一件事，这人必有计划而来，最低限度，他已准备好怎样说。你这方面，却一点儿准备都没有，所以，他可是稳占上风的。他请托的事，可为或不可为，或者是介乎两者之间，你的答复是怎样呢？许多人都会采取拖的手法。“让我想想看，好吗?”这话常常会被运用。

但有些时候，许多人会作一种不自觉的承诺，所谓“不自觉的承诺”，就是“自己本来并未答允，但在别人看来，你已有了承诺”。这种现象，是由于每一个人都有怕“难为情”的心理，拒绝属于难为情之类，能够避免就更好。

但要记住，现在大多数人都喜欢“言出必行”的人，却很少有人会用宽宏的尺度去谅解你不能履行某一件事的原因。因此，拿破仑说:“我从不轻易承诺，因为承诺会变成不可自拔的错误。”

用心有术四

狠心

这个世界上，有很多人是不可理喻的。你好好和他说话他不理会你；你哄着他捧着他供着他，他觉得你该他的欠他的；你越是忍他让他，他越是欺负你。

那些今天受过你恩惠的人，可能会转眼间就在别人面前搬弄是非，那些表面上和你称兄道弟的人，桌子底下就开始对你使绊子……

对这些无耻小人和队伍中的害群之马，一定要狠下心来果断清除（断绝往来，保持距离），防患于未然，绝不能心存妇人之仁，更不能姑息迁就，否则，千里之堤也终有崩溃的一天。

同样的道理，做事也要果断，要有一股子狠劲，敢闯敢拼，该舍则舍，当弃则弃，下定决心，不怕牺牲，干脆利落，决不能拖泥带水，延误战机。

第一章 果断舍弃，决不拖泥带水

人生在许多时候都要做出选择，这种选择，就是在舍与得之间权衡利弊。其实，任何时候，做任何决定都是有舍有得的。到底是舍的多还是得的多，这就要看当事人用什么样的观念去取舍了。选择的真正意义，就在于通过放弃来获得更大的利益！

有一句谚语说得好："别捡了芝麻，丢了西瓜。"这个得与失的标准非常直观：在得到的时候，我们必须认真地看一看"得"的背后会失去什么。假如因小小的"得"，会演变成巨大的"失"，我们何必又去追求它？

当我们处于不得不作出牺牲时，一定不可拖泥带水，要狠下心来，果断放弃，作个了结。

鱼和熊掌不可兼得

齐国有一户人家，养了一个女儿。女儿渐渐长大，到了要找婆家的年龄了，父母便开始考虑为她选个好女婿。

听说这家要嫁女，说媒的人立即找上了门。同时来求婚的有两户人家。住在东边的一家，家境不错，有田有地，日子过得挺富裕的，可就是儿子长得很丑。住在西边的那一家，儿子长得有模有样，十分漂亮，可是家境不好，生活很是贫困。

这老两口想来想去，总难定夺。

父亲说:“把女儿嫁到东家去吧，女儿到了东家，吃喝不愁，住的房子又宽敞，我们还可以跟着沾光呢。”

母亲说:“那怎么行呢？那个丑女婿我闺女看得中吗？吃得好穿得好有什么用？还是过得一点也不开心！我看还是答应西家吧，西家儿子的相貌才配得上我闺女!”

父亲一听又不同意，说:“长得漂亮有什么用？连肚子都吃不饱照样过不开心！不能让女儿跟着他受委屈。”

老两口思来想去终究拿不定主意，只好直接去征求女儿的意见。

老两口把女儿叫出来，对女儿说:“闺女呀，你年龄不小，该出嫁了。这来提亲的两家的情况，想必你也知道了，愿意到哪一家，就由你自己来决定好了。如果你不好意思说出口，就露出一只胳臂来表示。”

接着，母亲开口问:“那西家的女婿人长得不错，就是家境很穷。你的意思如何?”

母亲话音刚落，女儿就露出了右胳臂，这表示她愿意嫁到西家。父亲不觉一怔。

父亲赶忙说：“东家十分富有，不愁吃穿，只是那女婿长得很丑。你愿意去东家吗？”

不料没等父亲话说完，女儿又露出了左胳臂，这表示她愿意嫁到东家。

老两口都被女儿搞糊涂了，一齐问道：“闺女，你这是什么意思呀？”

女儿不慌不忙地说：“这还不清楚吗？我愿嫁到东家去吃饭，再嫁到西家去住宿，白天夜晚各去一家……”

老两口又气又急：“这可怎么使得？这可怎么使得？”

这个女儿的想法实在荒唐，明明是鱼和熊掌不可兼得，她却偏偏不知廉耻地异想天开。

有这样一首小诗：

不舍弃鲜花的绚丽，就得不到果实的香甜；

不舍弃黑夜的温馨，就得不到朝日的明艳。

自然界是这样，人生也是这样，在人的几十年的漫漫旅途中，有山有水，有风有雨，有舍弃“温馨”和“绚丽”的烦恼，也有获得“香甜”和“明艳”的喜悦，人生就是在舍弃和获得的交替中得到升华，从而到达高层次的大境界。不懂得舍弃的人，最终往往一无所获。

得与失之间，果断决择

古希腊寓言家伊索曾经讲过这样一个故事：

有一种动物叫做河狸，它的阴部是一种治病良药，很多人都想获得它，聪明的河狸在人们追急了的时候，想出一个逃生办法，它把阴部撕掉抛下，人们获得了需要的东西，就不再追赶它。

《伊索》这则寓言形象地说明了一个得与失的辨证的关系。人是有思维会说话的“万物之灵”，理所当然的要比河狸更懂得生活中舍弃与获得的道理，必要的舍弃是为了更好的获得。“万事如意”，“心想事成”，“只有想不到，没有办不到”，这些话只是一种外交辞令，朋友间自欺欺人的祝贺用语，一厢情愿的心理满足罢了。在生活中是不存在的，因为它不符合生活的辩证法。

有人说，人生之难胜过逆水行舟，此话不假。人生在世界上，不如意的事情占十之八九，获得和舍弃的矛盾时刻困扰着我们，明白了舍弃之道和获得之法，并运用于生活，我们就能从无尽的烦恼中解脱出来，在人生的道路上进退自如，豁达大度。

不知是哪一位哲人说过，人生最远的距离是“知”和“行”，有舍弃才有获得，道理谁都懂得，可是要照着去做，那可就不容易了。不容易在哪里？外面的世界很精彩，舍弃很痛苦。精彩的外面的世界里充满着诱惑，要舍弃的事情有时很美丽，不知道哪些是该获得的，哪些是该舍弃的，就像柳宗元笔下的一种叫蝜蝂的小虫，它见到东西就想背着，结果被累死了，就像那位贪心的老大到太阳山上去背金子，由于想获得的太多，结果被太阳烧死了。

生活在尘世中的人们，有一个可怕的心理，就是“终朝只恨聚无多”，干什么都想赢，舍弃谈何容易？纵观社会，横看人生，有撑死的，也有饿死的，有穷死的，也有富死的，有能死的，也有窝囊死的，有因祸得福的，也有因福得祸的，如此等等，不一而足。何时该获得，何时该舍弃，真是很困难，天下没有放之四海而皆准的真理，只有根据此时、此地、此情、此景去综合的考虑，但是人们考虑获得和舍弃的时候大都有一个误区，不能用辩证的哲学的观点来权衡获得和舍弃的利弊得失。

人们的获得总是在得与失、成与败之间的选择，选择的特点是得到总是伴随着失去，人不可能同时到两个地方去，获得不会是天上掉馅饼，总是要付出失去的成本，人们烦恼的根源就在于不愿意为自己的获得付出失去的成本，自己已经是“绿也成阴子满枝”了，还想凭着一张“旧船票”登上别人的“客船”，已经著作等身了，还想着平步青云的仕途。这怎么能行，老是以自己没有的去与人家拥有的比，这样，烦恼当然会时刻伴随着你的左右。

得与失总是辨证的，在众多的拥有中，我们每一个人只能是一部分拥有。什么都想拥有的人，迟早要受到生活哲学的惩罚，现实生活中这样的例子比比皆是。在生活中，你得到了事业，很可能就要失去生活；你坚持了原则，就会失去朋友；你舍不得机关生活的安逸，就得不到下海冲浪的收获，正像常言说的那样，“舍不得孩子套不得狼。”什么都想得到的人，结果什么都得不到，就像熊瞎子掰棒子一样，到头来一无所有。舍弃有时会有峰回路转的效果，“舍弃”中会有“获得”的转机，因为你为获得付出了成本，生活的哲学是最讲信誉的，她总有一天要回报你。

做人是需要成本的，有好的人生选择，也有坏的人生选择，却没有不要成本的选择。什么是机会成本？机会成本是经济学中的一个重要的概念，经济学家把为了得到某种东西而放弃的其他东西称为得到某种东西的机会成本，一般是指人们在面临多种选择的时候，选择其中的一种而可能造成的损失。

曾经听说过这样一个故事：一位母亲正在厨房里做饭，突然听到三岁的儿子在客厅里号啕大哭。原来儿子把手插进了一个花瓶里拔不出来了。母亲赶紧上前去帮忙，使出浑身解数，儿子的手还是拔不出来。万般无奈之下，母亲只好打碎了这个价值不菲的古董花瓶。儿子的手安然无恙地出来了，却紧紧地握着拳头。是不是抽筋了？母亲心里忐忑不安，于是她掰开儿子的小手，发现儿子手里握着一枚五分钱的硬币。原来儿子的手不是拔不出来，而是他为了抓住这枚五分钱的硬币而不愿松开自己的拳头。多么天真的孩子，因为不肯放弃他手中那区区五分钱的硬币而毁掉了一个昂贵的花瓶，他不明白他放弃那枚硬币的机会成本居然有一个古董花瓶那么大。可以肯定的是，他长大后一定会明白自己当初的选择是错误的。

其实，在现实生活中我们又何尝不是经常犯着和故事中那个小孩同样的错误呢？在这个充满竞争的社会里，我们迷信于执著的追求和坚持，在各种利益诱惑的面前有着董存瑞炸碉堡般视死如归的精神，前赴后继，不甘心后退一步，因为蝇头小利朋友可以背信弃义，因为一言不和夫妻可以分道扬镳，因为鸡毛小事兄弟可以手足相残。难道我们就不能退一步，选择放弃吗？

人们通常会认为放弃就是承认失败。其实不然，从经济学上来讲，放弃是对各种机会成本进行考虑后做出的一种选择，是对有限资源的再分配。通过放弃可以把有限的资源从利用效率较低的领域转移到利用效率更高的领域，从而获得总体的改善。我们耳边经常能听到这样一句谚语:“退一步，海阔天空。”这句谚语可以说是机会成本的精辟体现。“退一步”的实质是放弃，放弃我们原来所坚持的观点或事物，从而选择另一种立场或处事的方式。

比尔·盖茨放弃大学学业创立微软公司，成为了世界上最富有的人。有人说，即使面前有一张百元大钞，比尔·盖茨也不会弯腰捡起，因为捡起这张钞票的同时他将损失上百万美元。或许这种说法未免有点夸张，比尔·盖茨是个绝顶聪明的生意人，他明白，放弃来之不易的学业能够使他拥有开创一个时代的机会，放弃面前的一百美元，能给他带来更为丰厚的收益。

放弃是一种选择，也是我们人生的一笔财富。

弃，是狠，更是理智

欧洲有一种大型猛禽叫金雕，它筑巢于高山峭崖，以尖利的喙和强壮的爪宣布自己是天空的王者。金雕一窝孵出两只幼雏。食物不足的年份，体重以惊人速度增加的小金雕，就会挨饿，金雕妈妈也只能眼看着幼雏伸直脖子嗷嗷叫。这时，两只小金雕就互相挤靠，结果总是相对弱小的那只被挤下山崖摔死。

也许，人们难以理解金雕，但面对死亡，金雕必须如此，否则，就会全部饿死。金雕必须舍弃。岂止金雕，包括人类在内的所有动物都可能时时面临着痛苦的舍弃问题。

在人迹罕至的大兴安岭深处，猎人们精心安放了捕兽夹。

当狼的腿被夹住时，它会果断地咬断自己的腿，一瘸一拐地逃离。因为它明白，想当完整的狼已经没有可能，等下去，自己的皮会变成褥子，肉会被焖在锅里，当瘸狼总比釜中狼强。

然而，当人们在面对舍弃的痛苦时，却常常不如狼果断。就以截肢为例，骨癌常发生在中青年女性腿上，当病情需要截肢时，有不少人却不听从医生的忠告，她们幻想着能通过各种的“民间疗法”治愈骨癌，保留肢体，结果耽误了治疗时机，癌细胞扩散，最终失去了生命。

舍弃是痛苦的，但不舍弃结果会更惨。所以说，舍弃也是生存的一种方式，也是勇敢者的行为。应该理智地面对生活，该舍弃时就舍弃，用一时的痛苦换来长久的幸福。

2003 年 4 月 26 日，美国登山爱好者拉斯顿到离犹他州东南 150 英里处的蓝约翰峡谷登山探险。在攀过一道 3 英尺长的狭缝时，一块巨石挡住了去路。他试图将其推开，不料巨石摇晃了一下，突然下滑，把他的右臂夹在石壁中。尽管拉斯顿想方设法用左手去推巨石，却始终无法抽出右臂。那天，他的探险设备、干粮水壶和急救包等一应俱全，唯独没带手机。于是，他只好原地躺着，保存实力，等待别人来救援。干粮吃完了，拉斯顿便靠饮水度日。到了第四天，水壶中一点水也没有了。

第五天早晨，当浑身无力的拉斯顿从断断续续的睡眠中醒来时，他终于明白：蓝约翰峡谷过于偏僻，人迹罕至，只有靠自己救自己了。他最后下定决心，用随身带的 8 厘米长的袖珍小折刀给自己的右手臂实施截肢。钻心彻骨的剧痛和大量失血使拉斯顿差点昏厥，但他仍然坚持从急救包中取出杀菌膏和绷带，给切断的右臂做了紧急止血处理。

拉斯顿跌跌撞撞地上路了，走出 7 英里后被两名登山者发现。不久，一架救援直升机飞来了，拉斯顿终于获救，他的壮举使他成为美国人心目中的英雄。

“鱼，我所欲也；熊掌，亦我所欲也，二者不可兼得；舍鱼而取熊掌也。”两千多年前，孟子就以形象的比喻把舍弃问题，引入了深刻的哲学。

首先，摆出普遍现象：鱼、熊掌是人人都想同时得到的，然而，造化绝不会给你那么多，一石三鸟、一箭双雕这只是美好愿望，经常的是只可选择一种。然后是指出解决的办法：既然不能两全其美，那么只能果断地舍弃。舍弃的，原是心中所想，是痛苦的，但又无奈。权衡之后，取主要的，要熊掌，眼看鱼让人端走，啥也别说。

看似轻松，即使无熊掌，鱼也不错，但紧接着孟夫子残酷地亮出真家伙，把问题引入伦理的顶端。“生，亦我所欲也；义，亦我所欲也”，要人命了，你怎么办？

令人心悸魂动的“舍生”虽非日常，但割舍无时无处不在。是舍钱买件名牌，还是看看就走让兜里多剩些钱？是跟哥们儿喝酒，还是陪妻子上街？是在效益不佳的单位维持，还是“跳槽”换换岗位？虽然没有发生亲娘和爱妻同时落水的难事，但仅有的钱向老母倾斜，还是先可着老婆？天上有个太阳，水里有个月亮，我不知道，哪一个更明，哪一个更亮。

选择推理永远是人类思维的重要形式，考卷上选择总是大题。选什么，弃什么，时时在考问着你。

一般情况，选择有三种结果。鱼和熊掌一齐吃，是理想的，但可能性很小；鱼和熊掌中选一个，是理智的，虽只能得其一，其实恰是成功；鱼和熊掌都捞不到，是悲剧的，而原因又出自第一种，吃着碗里的看着锅里的，结果是鸡飞蛋打，飞了鹰又跑了兔。

理智是舍弃的最好注释。如果最好的“得兼”已限定了“不可”，说明已经不再属于你，爱也没用。舍弃痛心，但不舍弃结果更惨。被夹住的狼，会咬断自己的腿。它明白，想当完整的狼可能性很小，等下去，皮会变成褥子，肉会加上调料煮在锅里。于是，它果断而理智地舍弃一条腿。而我们人却常常不如金雕和狼勇于舍弃。

其实，舍弃是自然界的规律，舍弃是人生的一种成长方式，是一种艺术，一种健康生活的艺术。人生需要执著，但执著是因为有了众多舍弃才闪耀光华；人生需要舍弃，有了明智的舍弃，才能迎来最后的成功。

所以说，舍弃是做人的功底，舍弃也是人生的一种必修课。

面临危机，果断脱身

古希腊的佛里几亚国王葛第士以非常奇妙的方法，在战车的轭上打了一串结。他预言：谁能打开这个结，就可以征服亚洲。一直到公元前334年还没有一个人能将绳结打开。这时。亚历山大率军入侵小亚细亚，他来到葛第士绳结前，不加考虑便拔剑砍断了它。后来，他果然一举占领了比希腊大50倍的波斯帝国。

一位年轻人到一家餐馆应聘，老板问：在人群密集的餐厅里，如果你发现手上的托盘不稳即将要跌落该怎么办？许多应征者都答非所问。这个年轻人答道：如果四周都是客人，我就要尽全力把托盘倒向自己。最后，这位年轻人成大事了。

亚历山大果断的剑砍绳结，说明他舍弃了传统的思维方式；年轻人果断的把即将倾倒的托盘投向自己，才保证了顾客的利益。

在某个特定的时刻，你只有敢于舍弃，才有机会获得更长远的利益。即使遭受难以避免的挫折，你也要选择最佳的失败方式。

在许多年前的一次国际比赛中，一个名为法兰克·马歇尔的棋手走了一招常被赞誉为“最美妙一着”的棋。在那重要的一局中，他与对手——一位俄国大师——势均力敌。马歇尔的“王后”受到围困，但要杀出重围，仍是有几个办法可想的。由于王后是最重要的进攻棋子，观战的人都以为马歇尔会依常规，把王后走到安全的地方。

马歇尔对着棋局苦思，时间到了，他拿起王后，略一停顿，随即下在最不合常理的方格内——在那里，敌方有三枚棋子可以把王后吃掉。

马歇尔在紧要关头放弃王后，太不可思议了，观棋的人和马歇尔的对手都吃了一惊。

接着，俄国棋手和其他的人都恍然大悟，明白了马歇尔走的是极高明的一招。不论对方用哪个子吃王后，都会立陷颓势。俄国棋手看出自己败局已定，只好认输。

马歇尔以大胆罕见的招数赢了对手：牺牲王后，赢了棋局。

一个棋手是否赢了一场比赛并不重要，甚至他的弃后妙招也不重要，重要的是他能够撇开传统的想法，去考虑这一招。他不囿于传统方式，愿意根据自己的判断，并纯凭自己的判断，走这一险招。不管棋局结果如何，马歇尔都是真正的胜利者。

有时，为了顾全大局，保护更大的利益，也要学会暂时舍弃相对较小的利益。

从前，有位商人狄利斯和他长大成人的儿子一起出海旅行。他们随身带上了满满一箱子珠宝，准备在旅途中卖掉，但是没有向任何人透露过这一秘密。一天，狄利斯偶然听到了水手们在交头接耳。原来，他们已经发现了他的珠宝，并且正在策划着谋害他们父子俩，以掠夺这些珠宝。

狄利斯听了之后吓得要命，他在自己的小屋内踱来踱去，试图想出个摆脱困境的办法。儿子问他出了什么事情，狄利斯于是把听到的全告诉了他。

“同他们拼了！”年轻人断然道。

“不”，狄利斯回答说，“他们会制服我们的！”

“那把珠宝交给他们？”

“也不行，他们还会杀人灭口的。”

过了一会儿，狄利斯怒气冲冲地冲上了甲板，“你这个笨蛋儿子！”他叫喊道，“你从来不听我的忠告！”

“老头子！”儿子叫喊着回答，“你说不出一句值得我听进去的话！”

当父子俩开始互相谩骂的时候，水手们好奇地聚集到周围。狄利斯突然冲向他的小屋，拖出了他的珠宝箱。“忘恩负义的儿子！”狄利斯尖叫道，“我宁肯死于贫困也不会让你继承我的财富！”

说完这些话，他打开了珠宝箱，水手们看到这么多的珠宝时，都深深地倒吸凉气。狄利斯又冲向了栏杆，在别人阻拦他之前将他的宝物全都投入了大海。

过了一会儿，狄利斯父子俩都目不转睛地注视着那只空箱子，然后两人躺倒在一起，为他们所干的事而哭泣不止。后来，当他们单独一起待在小屋时，狄利斯说："我们只能这样做，孩子，再也没有其他的办法可以救我们的命!"

"是的，"儿子答道，"您这个法子是最好的了。"

轮船驶进了码头后，狄利斯同他的儿子匆匆忙忙地赶到了城市的地方法官那里。他们指控了水手们的海盗行为和企图谋杀罪，法官逮捕了那些水手。水手们否认自己的阴谋企图。法官问水手们是否看到狄利斯把他的珠宝投入大海？水手们都一致说看到过。法官于是判决他们都有罪。法官问道："什么人会弃掉他一生的积蓄而不顾呢，只有当他面临生命的危险时才会这样去做吧？"水手们只得赔偿了狄利斯的珠宝。

人生总是有得有失，有时放弃是为了大踏步地前进，放弃是真正的勇气，也是真正的智慧。

顾全大局放弃局部

无数史实表明，一个人只有深谋远虑、从整体上分析和进行判断，顾全大局，舍小取大，才能做出正确的选择和决策。如果目光短浅，为小利所蒙蔽，就容易招致灾祸。

下面这个历史故事则是一个发人深省的"反面教材"。

春秋时候，晋国是一个大国，它的旁边有两个小国，一个是虞国，一个是虢国。这两个小国是邻国，国君又都姓姬，因此关系非常密切。

虢国和晋国接壤的地方经常发生冲突，晋献公想灭掉虢国。但是他刚说出这个想法，大夫荀息就劝他说："虞国和虢国两国唇齿相依，如果我们攻打虢国，虞国肯定会出兵救援，这样我们不一定能占什么便宜。"晋献公问："难道我们拿虢国没办法了吗？"荀息给晋献公出了一条计策："虢公荒淫好色，我们可以送给他一些美貌的歌女舞女，这样他就会纵情享乐，荒疏政务，我们就有机会攻打他们了。"晋献公就派人送了一些歌女舞女给虢公。

虢公大喜，果然成天荒淫享乐，不理朝政。晋献公问荀息，现在可以攻打虢国了吗？荀息说："如果我们现在攻打虢国，虞国还是会出兵救援，还得用计离间他们。攻打虢国要经过虞国，我们可以向虞公送上一份厚礼，向虞国借道，这样他们两国就会互相猜疑，我们就可以从中取利了。"

晋献公一狠心，把晋国的国宝一匹千里马和一对价值很高的白璧作为礼物，派荀息送给虞公。荀息到了虞国，奉上礼物，虞公看着殿前的这匹千里马，只见它身长一丈五尺开外，高一丈有余，通体洁白并无一根杂毛，马头高高地仰着，气宇轩昂，似乎随时都能乘风而去，这匹马果然不比凡马。荀息见虞公看得两眼发直，在一旁说："这匹千里马日行千里，夜走八百，乃是我们晋国的国宝。"虞公听了不停地点头。荀息对虞公说："您再看看这对白璧，色泽白净如羊脂，拿在手里观赏，宝光夺目，温润可人，这么大的白璧没有一点瑕疵，雕琢得浑然天成，这也是我们晋国的国宝。"虞公把白璧拿在手里细细赏玩，看得眼珠子都要掉出来了。这时他唯恐荀息再把这些宝物要回去，急忙问荀息："贵国送我这两件宝物，是不是有什么事要我帮忙？"荀息恭恭敬敬地说："我们要讨伐虢国，想要向贵国借一条道，如果我们打胜了，所有的战利品都送给贵国。"虞公一听，晋国的条件对虞国来说简直不费吹灰之力，赶忙满口答应下来。

大夫宫之奇劝谏虞公道："且慢，此事万万不可答应，虢国和我国是近邻，有事互相照应，两国的关系就好比嘴唇和牙齿，嘴唇要是没了，牙齿就会觉得寒冷；要是虢国被消灭了，我们虞国也就危险了。"虞公现在所有的心思都在这两件宝物上，哪能把咽进嘴里的美味再吐出来？虞公心里知道宫之奇说得有道理，但是他看看那匹神骏的千里马，再看看案子上温润无瑕的白璧，沉吟了一会儿说："晋侯把国宝都送给我们了，可见他们的诚意，虽然失去虢国这个朋友，但结交强大的晋国，这对虞国来说还是很有利的啊。"宫之奇还想再劝谏，站在他身边的大夫百里奚把他制止了。

散朝之后，宫之奇问百里奚："晋国送我们礼物，明显是不安好心，你为什么不让我劝谏国君？"百里奚回答："你看国君对那两件宝物那么着迷，他哪会听你的话？你这是把珍珠扔到地上啊。"宫之奇预见到虞国很快就要遭到灭顶之灾，于是悄悄地举家潜逃了。

过了不久，晋献公派大将里克和荀息带领大军讨伐虢国，晋军借道经过虞国的时候，虞公还亲自出来迎接，他对里克说："为感谢贵国的盛情，我愿意带兵助战。"荀息回答道："您要是愿意帮助我们，还是帮我们骗开虢国的关卡吧。"虞公按照荀息的计策，带兵假装援助虢国，帮晋军骗开了虢国的关卡，晋国大军很快就灭了虢国。里克分了很多战利品给虞公，虞公看到一车车的金银珠宝和美女，乐得嘴都合不拢了。

里克借机说要把大军驻扎在虞国都城外休息几天。

这一天，有人报告虞公："晋献公到城外了。"虞公赶忙驱车出城迎接，两位国君一见面，晋献公对虞公说："这次灭虢国，贵国对我们的帮助很大。现在我特地前来致谢，今日天气晴朗，我们一起去打猎如何？"虞公很高兴地答应了，晋献公又说："围猎必须多派些人同去，贵国士兵熟悉本地的地形，还请您多带些人。"虞公把全城的兵马都调出城打猎，他们正在围场上打猎，忽然看见百里奚飞驰而至，他急冲冲地对虞公说："出事了，您赶快回去吧！"虞公赶忙回城，到城门边一看，城门紧闭，吊桥高悬，城门楼上闪出一员晋军大将，他得意洋洋地对虞公说："上次多谢你们借道让我们灭了虢国，现在我们顺手把虞国也灭了。"虞公一听，吓得面如土色，他回头一看，身边只剩下百里奚了，虞公想起当初宫之奇劝谏自己的话，后悔不迭地对百里奚说："当初宫大夫良言相劝，我怎么就不听呢？唉，果然是唇亡齿寒啊！"

这时候，晋献公的人马也到了，他见到虞公眉开眼笑地说："我这次到虞国来，就是要亲手取回我们的两件宝贝的，不过看在你帮我们灭了虢国，并且把虞国也拱手相让的份上，我另送你一对玉璧和一匹千里马吧。”

人无远虑，只顾眼前利益，必有近忧。开阔思路，以全面的观点看待事物，舍弃小利，才能够把握全局，正确预见未来，做出科学的决策，采取积极有效的行动。

第二章 敢闯敢拼，敢冒险

这里所说的狠，就是要当仁不让，敢闯敢拼，敢担当，敢冒险；要以快刀斩乱麻，其疾如风，侵掠如火；要赏罚分明，雷厉风行，一言一行不打折扣。

还有一狠是，在事关一个局成败的关键时刻，谁有魄力摆出决战的姿态，谁就有可能获胜。

冒险，撑死胆儿大的

22 岁的阿雷帝诺是一个富裕的罗马家族里卑微的厨房助理。他的梦想是成为伟大的作家，让全世界人都知道他的名字。

有一年，教皇里奥十世非常喜爱的一头名为哈诺的大象快要病死了，教皇召来最好的医生为他治疗，但大象还是死了。教皇非常悲伤，他召来伟大的画家拉斐尔，命令他画一幅和哈诺同样大小的画放在大象的坟幕上，墓碑的铭文刻着:“自然夺走的，拉斐尔以他的艺术还原。”

过了几天，一份名为“大象哈诺的遗嘱”的小册子在罗马街头广为流传。这本小册子以死去的大象哈诺的口吻针砭时弊，其中有这样一段文字:“把我的膝盖留给罗齐枢机主教，这样他就可以仿效我的屈膝跪拜；把我的口颚留给圣夸特洛枢机主教，这样他就可以更容易地吞掉所有耶稣的收入；把我的耳朵留给麦迪西枢机主教，这样他可以听到每个人的作为。”

这本没有署名的小册子用调侃的语气涉及了罗马的每一个大人物，甚至连教皇本人也包括在内。他把每个大人物最出名的弱点都暴露在民众面前。小册子以韵文结束:“留意啊！阿雷蒂诺是最厉害的敌人，千万不要让他成为你的朋友！他仅用言辞就可以毁掉崇高的教皇，所以，上帝要每一个人都防范他的口舌。”

阿雷蒂诺以一本简短的册子一举成名。罗马的每个人都想知道是哪个年轻人如此大胆。教皇甚至也被他的胆大妄为逗乐了，他靠自己的权力把阿雷蒂诺找了出来，但是教皇不仅没有处罚他，反而让他在教廷里供职。

以后几年，他以“王公贵族的杀手”名扬天下，大人物因为畏惧他辛辣的舌锋而对他十分敬重，包括法国国王以及神圣的罗马帝国皇帝。

如果你本身很渺小，那么你就要骑在巨大之物身上，目标越大，就越惹人注目；攻击越大胆，你就越显得突出，从而赢得更多的佩服。

人们总是希望过平静安逸的生活，希望能够获得他人的认可。他们在各种各样的顾忌中生活，所以行事谨慎。大胆的行动或许也是想过的，但是也可能只是想想而已。没有人天生就大胆，即使像拿破仑这样的伟大人物，他的大胆也是在战场上培养起来的。他克服了自己的胆怯，因为他知道要成就伟业就必须勇敢，怯懦的人永远不可能取得比较大的成就。一个普通的人如果能够大胆就会完全改变他的形象。他就能够因此而树立起自己的威信，而要达到这样的目的其实只要采取大胆行动就可以了，不需要花费太大的周折，而这一切都是那样的简单，每人都是可以做到的。

许多人不敢或者说不愿意承认自己的这种胆怯的弱点，他们可能会用关怀别人，不愿意伤害别人等语言来为自己开脱。实际上正是因为他们没有自信，是他们本身的怯懦才让他们这样做的。

大胆不是天生的，而是需要培养的。有的时候需要自提身价，身价越高，别人就越重视你，这是你培养自己大胆的一种方式。

哥伦布航行时，他需要西班牙王室资助他。他向王室提出，必须策封他为“海洋大元帅”，许多人认为，这一不合理的要求王室是无论如何不会答应的，但是事实和大多数人想的恰恰相反。

谈判大师基辛格也赞同在谈判中要大胆。他说：“你要超乎寻常的大胆，向对方要求他不可能给你的条件，然后再慢慢让步。这样做的效果比从一开始就向对方要求合理的条件要好得多。”

胆大和胆怯都不是人生来就具有的，都是在生活中逐渐培养起来的。如果你了解到自己身上具有这种胆怯的弱点，就应该及时有所行动，而不要给自己找任何借口。大多数情况下，人们认为大胆的后果可能是自己不可能承受的，但是还有一点要注意：胆怯的后果可能是更不能承受的。如果一直被这样的顾虑思想左右，那么就会让自己永远处于一种低谷状态而难有所成。

胆大不是在任何时候都能够应用到的，任何事都要具备发生的“原因”或者说是“环境”。在适当时候的大胆会给你带来好处，但是如果时机选择的不恰当就会得罪人，并让你陷入重重阻碍。胆怯也并不是毫无用处，巧妙伪装的胆怯，能够让对手放松警惕，陷入你布置的陷阱。这个时候如果再施以大胆，你将是最后的胜利者。

狭路相逢勇者胜

当斗争双方势均力敌，且势同水火，狭路相逢时，谁果敢，谁就能笑到最后。

隋末的太原留守李渊，起兵反隋，攻入长安，建立了大唐。在这场斗争中，他的几个儿子是他的得力助手。长子李建成深沉冷静、仁厚宽博，被立为太子；次子李世民勇毅果决、识度过人，尤其善于捕捉时机，全力搏击，被封为秦王；四子李元吉性格暴躁，但也很勇猛，被封为齐王（三子玄霸早死）。太原起兵后，李渊自为全军主帅，建成、世民分率左、右军，元吉留守太原，保证后方的安全和军需供应，一切都直接控制在李家父子手中。对这三个儿子，李渊是非常得意的。

但三个儿子中，还数李世民最有才干。他从小爱习武，不喜读书，胸有大志。在太原时，他不足 20 岁，见隋朝倾危，便暗中散财交结才俊之士，有重定天下之心。在策划起兵的过程中，李渊深藏不露，李世民总是积极催促，显露出野心勃勃的个性。李氏据长安后，全国仍处在各支军事力量并峙割据的状态，称王称帝者甚多，谁能取得最后成功，还未成定局。从武德元年到武德七年（618—624），经过七年的战争，先后六大战役，唐王朝才完成了统一天下的大业。在这个过程中，李世民东征西讨，荡平群雄，建立了特殊的功勋。即便说唐朝的天下一大半是他打下来的，也不过分。但应该说明，这里面也有特殊的原因。按照历朝的习惯，太子作为皇权的继承人，向来是不轻易出征的，其主要责任，是协助皇帝处理国家事务，稳定中央的权力结构。所以，也很难说如果由李建成担任军事统帅，其结果会怎么样。因为在太原起兵后打到长安的军事行动中，他也表现了卓越的指挥才能。

太子镇中，而以其他皇子分领兵权，这是中国的一种历史传统。这一策略有其显著的优点，就是太子和中央政权各个部门的关系及与朝廷各大臣的关系比较稳固；也有其显著的弱点，就是太子不可能建立显著的功勋，只能依靠人为的政治安排和公认的“立嫡以长”的道德原则来维系他的地位。当其他皇子功劳太大时，太子的声望难免受到影响。而唐初的皇室，又有特殊的情况：李渊本人并不是一个优秀的军事家，又畏惧战争的劳苦，李元吉的才干有限，这就使得李渊过多地倚靠次子李世民。而李世民不但才识过人，而且雄心勃勃，正好利用这样的机会，不辞辛苦，甘冒风险，争城夺地，一次又一次立下大功，威望日增，盖过了李建成。

还在武德四年七月，李世民带着俘虏王世充、窦建德返回长安。入城时，举行了盛大的仪式。这位年方二十三岁的秦王身穿黄金甲，后随二十五员大将，上万骑兵，前后有军乐队吹奏着雄壮的凯旋曲，声势浩大，威风凛凛，行进在长安大街上。市民争相观望，欢呼不绝。李世民骑着骏马缓缓前进，心里想着前不久在洛阳发生的一件事。那天，他和王府中的主要谋士房玄龄穿了平常百姓的衣服，去求见著名道士王远知。他们来到王远知所住的地方，还未派人通告，道士已经迎出门来，深深一揖，口中说：“诸位中间有一位圣人，莫非是秦王吗？”李世民大吃一惊，只好承认。道士又说：“大王将为太平天子，望好自珍惜！”李世民摇摇手，道士也不再说下去。这事给他留下了深刻的印象，长夜不寐时，“太平天子”这句话总在耳边萦回。

难道帝王真有天命吗？这，他不太相信。王远知的这番言论，很可能是房玄龄事先安排的。秦王府中，房玄龄心机最深，也最知李世民的心事。每打下一个地方，别人都忙着收罗金银财货，房玄龄却只管清理官府中的图籍文书，访问当地的人才。他知道，房玄龄这样的人，不会甘心一辈子做一个王府中的幕僚。不管这事是否出于房玄龄的安排，总之，自己对王远知的态度，已经显示了愿为“太平天子”的欲望。其实，秦王府中的将领、谋士，有几个不是想着他终将成就大事，才死心塌地跟着他的？

想着想着，已来到太庙。在这里，李渊设下了盛大的酒宴，按照古制，举行“饮至”之礼。即一边欢饮庆贺，一边报告战果：杀敌多少，俘虏多少，攻城掠地多少，缴获多少。这是一种很大的荣耀。太子建成唤着世民的小名说:“二郎此战，功盖天下!”兄弟相视一笑。

这年十月，李渊给李世民别出心裁地封了一个新的官号——“天策上将”，说是因为过去所有的官名都不能与他的功劳相称。李世民很得意，但也知道父亲决不会改变兄长的太子地位。他借口天下已经渐渐太平，在“天策府”（实际也就是秦王府）中设“文学馆”，收罗四方文士。其中最著名的，有所谓“十八学士”。这些学士分成三班，轮流在府中值守，秦王从宫中回来，就同他们在一起讨论各种问题。但“文学馆”并不注重“文学”，“十八学士”也并不是学者，这是李世民的智囊团。其中很多人后来相继做了宰相。房玄龄、杜如晦，更是“贞观之治”中杰出的政治家。

太子李建成决非平庸之辈，他的手下，也收罗了大量人才。如魏征、王圭、韦挺，都是超群出众的俊逸之士。武德五年（622）底，河北刘黑闼第二次举兵叛乱，魏征对李建成说:“秦王功盖天下，殿下只是以年长而位居东宫，未有大功可以镇服天下。今刘黑闼乱于河北，殿下当亲自率兵前往，取得功绩和声望，并与地方豪杰相联络，以求安全。”建成表示赞同，获得李渊的准许后，带着魏征，率领大军出征河北。一战成功，而且采取各种政治措施，在河北建立了稳定的统治。这一次军事行动，虽不能压过秦王过去的战绩，但也显示了李建成的才能。还有，李建成和李元吉同往河北，两人结成共同对付秦王的联盟，整个形势明显地向不利于李世民的方向发展。元吉之所以从中立转向偏袒长兄，是因为建成许诺以后立他为太弟，即皇权继承人。

到这时，李世民和李建成的对立，已经日益明朗。双方想尽办法，设陷阱、挖墙脚，削弱对方，扩大自己的力量。

在交结后宫这一着棋上，李建成做得比李世民成功。李渊晚年纵欲享乐，宠妃成群，几年之内便生了近二十个儿子。这些小皇子的母亲，也需要日后的保障。从总的情况看来，李建成是占优势的，她们容易倒向李建成一面。而李建成也知道这些女人整天围绕着老父亲，说话有力，也竭力奉承，经常拿金银珍宝去讨她们的欢心。据说，李建成同父亲最宠爱的张婕妤、尹德妃还有肉体的交往，这就说不清了。如此，李建成不仅在父亲身边建成了一个宣传机构，实际还建成了一个情报网。所以李世民对这一点十分恼火，在密奏中指控建成“淫乱后宫”。但李世民虽说性格刚烈，软功夫不及大哥在行，也绝不是毫无动作。他多年在外征战，有的是钱财，也源源不断送进宫去。他的妻子长孙氏，是一位具有政治头脑的女性，为了丈夫的事业，也经常在宫中活动。她以孝顺温良的形象，在公公面前为丈夫博取好感，和宫中的妃嫔，也有很多联系。应该指出，李渊绝不是一个昏庸的君主，他虽喜欢女人，但她们对他的影响并不大。所以后宫势力，对李氏兄弟的成败，没有很大作用。正史中这方面的记载，是有意夸大的，是借女人祸国的陈辞滥调，来间接贬低李渊。

作为明智的政治家，建成、世民都知道人才的可贵。他们除了各自收罗人才，还竭力从对方挖走人才。一次，李建成派人给李世民手下的骁将尉迟敬德送了整整一车金银器物，表示愿和他不论尊卑，平等结交。尉迟敬德断然拒绝，并将此事报告李世民。李世民很可惜地说:“将军何不收下？别人纵然把黄金堆到天上，我也不会怀疑将军，收下后，就有机会知道他们的密谋了!”同样，李世民也在打李建成手下的主意。在这方面，他比李建成做得成功。他的最后胜利，在很大程度上依赖了对李建成的僚属或亲信的策反活动。

此外，在朝廷大臣、地方将领中，双方都有自己的支持者，从上到下，渐渐形成了支持太子和支持秦王的两大派。

更直接的做法，是相互谋害。据说，有一次李世民随李渊到齐王府去，李元吉竟然埋伏了刺客，准备杀死李世民。李建成知道后，加以阻拦，才算作罢。恐怕李建成也并不是不想这样做，只是觉得这样做太危险。又有一次，李世民在李建成府上喝酒，回来后咯血不止，李渊知道了，也很怀疑，对李建成说:“秦王不善饮，日后勿再夜聚饮酒!”这究竟是偶然巧合，还是建成的毒药不行，也说不清了。似乎前一种可能性较大。

现存的史籍中，大量记载的，是建成、元吉如何谋害世民，而丝毫没有世民谋害兄弟的事实。其实，李建成具有合法的继承权，在各方面都占有优势，所以，更需要采取阴谋手段的，理应是李世民；而且最后以阴谋取得成功的，也是李世民。只是由于缺乏记载，后人也就无从说起。但至少武德七年的杨文干事变，其中有许多可疑之处。

杨文干曾宿卫东宫，与李建成关系密切。后出为庆州都督，辖地相当于今甘肃省接近陕西的部分。武德七年六月，李渊带世民、元吉去仁智宫（在今陕西耀县）避暑，建成留守长安。据史书记载，建成私命杨文干招募勇士送到京城，乘机发动兵变。后被人揭发，杨文干遂举兵反叛。但这事在唐人笔记中，却被记载为“人妄告东宫”，是一场诬陷。实际情况是怎样呢？在那一段时期中，李建成一直在扩大东宫武装，意在防备秦王府的力量。他叫杨文干送勇士来京，属于同样性质的举动，并没有叫杨文干搞兵变的意图。因为这既没有必要，也没有成功的可能，他不会这样蠢。但这样的举动，也是属于非法性质的，所以李世民就抓住不放，夸大事态，叫人告密，挑动李渊的猜疑心理。

果然，李渊接到密报后勃然大怒，下诏到长安，召李建成立赴仁智宫。李建成匆忙赶到，只带了十余骑卫士，见了父亲，叩头谢罪。李渊怒斥不止，李建成悲愤难平，跳起身来向墙上撞去。李渊仍然怒气不解，叫人把他看押起来，一面派人召杨文干。使者到了庆州，把真情向杨文干说明，杨文干吓坏了，知道这事绝无善果，索性就举兵反叛了。

于是李渊命李世民率军平叛。临行对世民说：“杨文干的事与建成有牵连，恐怕会有不少人响应，你要赶紧去，事成回来，立你为太子！至于建成，我不愿杀他，可废为蜀王，地方偏僻而狭小，容易钳制。他如不能奉事你，也不难擒拿！”这恐怕是李渊第一次产生改立太子的念头。

但李世民出兵后，很多人都为李建成说话，对实际事态加以分析，指出他身为太子，决没有无故谋反的道理。李渊想想这也是实情，明白根由还在他们兄弟之间的争夺，就把李建成放回长安，仍为留守。只是把罪名统统推给东宫与秦王府的属僚，将东宫的王珪、韦挺和秦王府的杜淹流放出去。这一场事变虽然糊涂了结了，但从事后李渊对建成更为信任的态度来看，他内心中对这件事并不糊涂。而李家兄弟间的怨恨，则更深了一层。

总之，武德六年以后，李家兄弟的冲突越来越激烈，渐渐形成水火不相容之势。而且，唐朝的政治也十分混乱，皇上的命令，太子、秦王的命令，常常相互冲突，官员们没有办法，只好谁的命令先下来就照谁的办。这种状态，是不可能维持长久的。

那么，作为父亲和皇帝的李渊到底持什么态度呢？应该说，作为父亲，他在兄弟三人之间，并无明显的偏袒；但作为皇帝，他却知道必须维护长子的继承权。这是一种常规的处理方法，也很难怪李渊有多少不对。所以，李世民的势力逐渐受到抑制。只是，李渊既不能操之过急，以防突然发生意外，也需要李世民保持一定的力量，可以与李建成相互牵制。在帝王的家庭中，也不可能有绝对的信任，何况他的儿子，一个个都那样英雄了得！

但情况总是在向着对李世民不利的方向发展。自武德五年以后，李世民再没有特别的战功可以夸耀，李建成却在他之后完成了平定河北的重任。“杨文干事件”，未能动摇建成的太子地位，反而使这一地位更为巩固。李渊“立嫡以长”的观念不可改变，朝臣和地方将领中支持太子的也比支持秦王的多。

处在优势地位上，李建成对付李世民的办法，是在李渊的支持下，一步步削弱其力量。武德七年，李元吉在李渊面前诬陷尉迟敬德，敬德被逮下狱，定了死罪。李世民用强硬的态度坚决要求把他放回，总算幸免。同年，李世民的另一员战将程知节被调任为康州刺史，程知节拒绝赴任，对李世民说：“大王的股肱羽翼，快要被人剪除干净了，自身还能久安吗？知节拼死不去，愿大王早日决断！”

房玄龄、杜如晦是秦王府的主要谋士，李建成对李元吉说：“秦府中可畏惮之人，唯有房、杜。”他们又向李渊提出，房玄龄、杜如晦一向挑拨李氏兄弟不和。李渊下令两人离开秦府，从此不许接受秦王的指示。他们暂时还留在长安，不知下一步会遇到怎样的处置。

终于发展到最严重的一步。武德九年夏，突厥数万骑兵寇边。按惯例，一向是李世民督军抵御，但这一次，李建成却提出由李元吉领兵。这样做的目的，当然是不让李世民再度掌握兵权；而李渊在明知这一点的情况下，竟表示同意。不仅如此，李元吉还提出要调秦府勇将尉迟敬德、程知节、段志玄、秦叔宝一齐跟自己出征，并要求将原归秦王指挥的精兵调拨到他的麾下。这是釜底抽薪，如果答应下来，秦王府就成了空架子，只有任人宰割的份了。

处在劣势地位上，李世民对付李建成的办法，只能是阴谋政变，突发制人。

早在武德九年以前，秦府中的僚属就在考虑这件事。房玄龄曾对长孙无忌说："如今嫌隙已经构成，一旦祸乱突然发生，秦王府绝无侥幸之望！生死存亡，有时不容丝毫之差，今日正是如此！"他们会同杜如晦明确劝告李世民：必须赶紧下手，诛灭建成、元吉！

等到房、杜两人被逐出秦王府，形势更为紧张，剩下的僚属加紧策划。

当李渊同意调秦府战将和兵马归齐王指挥时，事情已经到了最后关头。尉迟敬德、长孙无忌来见李世民，宣称：如果再不动手，他们就要离开李世民，逃窜保命，总不能束手受戮！当然，李世民也不可能服从李渊这一道要命的诏令。他派长孙无忌悄悄召回房玄龄、杜如晦，商议大事。谁知他们的回答是："奉旨不许再与大王相见，如果私自前来参谒，必然因此丧命，故不敢遵令！"这话的意思其实是：如果秦王仍未决断，只是空泛地商量，他们不愿奉陪。李世民大怒，"玄龄、如晦竟敢背叛我吗？"拔出一把刀交给尉迟敬德，说："你去看一下，如果两人果然不肯来，就砍下脑袋提来见我！"

尉迟敬德、长孙无忌再去见房、杜，告诉他们："秦王已下决心，不必迟疑了！"于是房玄龄、杜如晦打扮成道士，悄悄地进了秦王府。一场中国历史上少有的大胆的局，就在这个时候决定了。六月三日，秦王李世民上密奏于李渊，是他们布下的一个诱饵。

按照正史的记载，六月四日李世民之所以突然下手，是因为李建成与李元吉已经谋划好，要在李元吉出征的饯别酒宴上，埋伏刺客当场杀死李世民，然后再杀死尉迟敬德等人。李建成的一个属下将这消息密报给李世民，他不得已，才做了这样的决定。

这完全是谎言。其用意，不过是为李世民六月四日的阴谋政变制造充分的根据，为这位具有雄才大略而根本蔑视公认道德的政治家作一种道德上的美化。李建成的整个计划，是对李世民的力量逐步加以削弱。如果李世民乖乖交出兵权，放走秦府的几员战将，他不过是个空头王爷，哪里还需要设什么“鸿门宴”？政治家从来不做徒劳无益的事情。

但李建成绝没有想到，他的这一似乎完美的计划，直接造成了自己的灭亡。这并不是因为他愚蠢，而是因为他的优势太充分了。

李世民堪称杰出的军事家。但在长安城中，他根本无法调动军队。能够动用的武力，只有极有限的秦王府卫队和暗中蓄养的武士，总数不过几百人。而太子东宫的卫队，按照规定，规模比秦王府大得多，再加上齐王府，总数有几千人。这些卫士，也是经过反复挑选和训练的勇士。不仅如此，由于太子多年镇守京城，京城的几万禁军，名义上虽不属他管辖，而实际上，将领大都是他的亲信。这样的力量对比，他怎么会想到李世民敢轻举妄动呢？过去，李渊因为他们兄弟不和，曾设想把李世民派到东都洛阳。但李建成认为，世民一旦去了洛阳，占据一方，手握军队，便谁也奈何不得。所以他想尽办法，劝李渊改变了主意。李建成对李元吉说：“秦王留在长安，不过是个匹夫，容易对付！”这话并不是没有道理。

但所有的人都犯了一个致命的错误，他们不明白：李世民究竟有什么样的胆魄！

六月三日，李世民上密奏，李渊派人约李建成、李元吉次日一早进宫。同时，后宫情报员张婕妤将李世民密奏的内容转告了李建成。建成召元吉商量，二人都感到李世民上这样的奏章，必然有相应的举动，事态将会变得严重。元吉说：“当令宫中卫队戒备，推称有病，拒绝入朝，以观望形势。”建成说；“这不是自认有过吗？为防意外，我已令京城各处兵马严加防范，有何可惧？当与弟入宫参谒父皇，问明究竟！”

次日一早，李建成、李元吉只带了几名亲随，由玄武门（皇宫北门）入宫。负责玄武门禁卫事务的常何，过去曾跟随建成出征河北，建成对他很放心。进入宫门，一片寂静，只有几名卫士守立大门两侧。建成与元吉缓缓前行，前面就是临湖殿。忽然，建成发现殿侧有人影闪动，大吃一惊，说声；

"不好!"立即拨转马头，欲向宫外驰去。此时，世民一马跃出，大叫:"大郎停下！大郎停下!"

建成稍一犹豫，而元吉已经看到从临湖殿两侧有数十骑人马狂奔而来。他赶紧拉弓搭箭，向世民射去。元吉素称勇猛，然而这时心急慌忙，弓未拉足，就将箭射出，一连三次，都未射中。世民却勒住马，稳稳一箭，正中建成后背，建成应声落马。

在这片刻之间，尉迟敬德率领数十骑赶到，一阵乱箭射来。元吉身中一箭，坠于马下。回头望时，见世民的乘骑受了惊，向路旁树林中奔去，被地上枯树枝绊了一下，将世民死死地摔倒在地。元吉急奔过去，将世民手中的弓夺下，用弓弦紧紧勒住他的头颈。这时，尉迟敬德跃马冲来，狂呼:"逆贼大胆!"元吉赶快放下弓，拔腿就奔，想逃入父亲所居住的武德殿。尉迟敬德岂敢放松，纵马狂追，连射数箭，将元吉杀死。

一阵骚乱，片刻过去，玄武门内，又突然恢复了平静。

混乱中，建成的一名亲随逃出，刹那间已来到位于皇宫东侧的太子宫府。东宫卫队将领冯立听说太子已被秦王射死，叹道；"生受其恩，不可畏死避难!"立即率同其他将领，召集东宫、齐王府精锐卫士两千人，直驱玄武门。

这时玄武门内一阵搏杀刚刚结束，喘息未定，只听得宫外马蹄声如暴风骤雨，呼啸而来，转眼已接近宫门。世民手下勇将张公瑾身高力大，急忙将两扇沉重无比的大门关上。刚落下门栓，对方前锋的马头，已撞到门上。冯立等见大门已关，随即指挥兵马列成阵势，找来大木，开始冲撞宫门。宫中李世民的人马，不足百人，一旦宫门冲开，情势极为危险。

在玄武门旁，有守门卫士的营房。将领敬君弘、吕时衡，同负责玄武门禁卫的常何一样，早已被李世民收买。他们见形势紧急，不顾兵力不敌，率领卫士们大声呼喊着从侧旁攻来，与东宫兵马恶战成一团。刀光闪动，鲜血飞溅，宫外杀声不绝。对宫门的冲击，暂时被阻止了。

另一边，在秦王府中，卫队和平时暗中蓄养的勇士，早已被召集起来。李世民的夫人长孙氏亲自慰勉将士们奋力作战，而后这一支精锐就向玄武门开来。整个形势，稍有缓解。

东宫将士见玄武门不易攻下，忽然掉转方向，去攻打皇宫西侧的秦王府。秦王府空虚，房玄龄等只好闭门坚守。听门外狂呼乱叫的声浪，人人惶恐不安。这时宫中尉迟敬德手提了李建成、李元吉的脑袋，带了几骑卫士，赶往秦王府。他高举手中的人头，大喊："太子、齐王谋反，秦王奉皇上诏命平乱。今首恶已诛，与众人无关！"东宫和齐府的卫士们见主人已死，无心再战，纷纷扔下兵器，四下溃散。几位将领见势不妙，也赶紧逃窜出城。至此，战斗已告结束。

李渊与裴寂等人在海池泛舟，等待三个儿子入宫，久久不见人影，忽然有卫士来报，说玄武门有人作乱，情况不明。李渊吓得魂飞魄散，一面召集宫中侍卫，一面派人外出打探。这时，尉迟敬德身穿盔甲，手持长矛，身上血迹斑斑，闯入宫内，来到李渊面前。李渊惊惶地问道："是谁在宫外作乱？你来这里要干什么？"敬德屈膝施礼，回答洪亮有力："太子与齐王作乱，秦王已举兵诛灭！恐惊动陛下，秦王特命臣入宫侍卫！"

李渊吓得面如土色，对裴寂等人说："想不到今天见到这样的事！却如何是好？"裴寂一向偏袒建成，这时默默无语。萧瑀一向支持世民，对李渊说："秦王功盖天下，四海归心。陛下只要立他为太子，将国事交托给他，必然无事！"李渊渐渐镇定下来，说道："很好，我也久有此心。"

玄武门事变，从当时整个政治形势、力量对比来看，确实是一个极其大胆和冒险的行动，其成功的把握，实在并不大。关键就在于，李世民和他的谋士敢于选择这样一个别人想象不到的地方，细心谋划，长久准备（收买禁军将领，必非一日之事），突然下手。当然，李世民也别无办法。就像下围棋一样，全面处于劣势的一方，只能紧紧咬住一个可能的机会，置生死存亡于不顾，全力搏击，以求一逞。这里充分体现了李世民的个人气质。而李建成的失败，就在于他优势意识太强，既想除掉李世民，还想同时保住仁人君子的美名，结果自遗祸患，死于非命。正因为在专制政治的权力斗争中，充满风云变幻，偶然的因素太多，所以有经验的政治家并不怎么相信优势地位的可靠性，往往在优势状况下也及早采取非常手段，甚至在一个可能的对手尚未成为真正的对手时，就加以消灭。

从道德上讲，“玄武门之变”算不上正义的。我们只能换一个标准，即像李世民那样有才能的人，也就有权去争夺他所渴望的东西。但这又不是一般意义上的道德“正义”了。说到底，历史并不是按照道德原则发展的，玄武门事变的道德评价，似乎也不重要。我们不妨从布局的角度看这件事，这是一个非常成功的危机处理案例。在处于劣势的局面中，在没有退路的时候，一定要有果敢的精神和决斗的勇气，这样才可能得到命运之神的眷顾。

敢做比会做更重要

会做，只是因为有章可循，可以按部就班，而敢做则意味着开创与冒险，需要一点狠劲儿。

其实在现实生活中，那些我们看上去隐藏着极大危险的事物并不一定像它表现得那样可怕，如果你敢于冒险走下去的话，你就会发现，原来里面并不可怕，甚至根本就是充满着祥和与友爱的。这一点，在人生的事业、爱情、家庭、金钱和人际关系等等方面都是如此。坐在那里看，越看越黑暗；坐在那里想，越想越可怕。但如果你能够尝试着向前走，不畏艰难和黑暗去进行尝试会是怎样的结果呢？可能你就会发现，其实那里并没有什么可怕的问题存在。

事实上，冒险不仅仅能给你带来机会，而且在很多时候能激发创新、拼搏精神，大大鼓舞人们的士气。这一点我们可以从美国玫琳·凯化妆品公司的创始人玫琳·凯的奋斗故事中得到一些经验和启发。

对于自己成功的经历，玫琳·凯是这样描述的：“制造冒险气氛要从公司的最高领导做起。假如一家公司的总经理没有冒险精神，那么你很可能在该公司里看不到冒险精神。在玫琳·凯化妆品公司，流行着一句最适用于公司经理们的格言：‘失败是成功之母’。我认为，放手让人们去冒险，并允许他们在冒险时犯错误，这一点十分重要。这是一条促使他们进步并富有创新精神的最好途径。

“我首次举办玫琳·凯化妆品展销时砸了锅。我当时急于想证明可以在三五成群的女子中销售我们的护肤品，我希望自己举办的展销大获成功。但是那天晚上我统共只卖了一块五毛钱。离开展销地点后，我驱车拐过一个角落，伏在方向盘上哭了起来。‘那些人究竟怎么了？’我问自己。‘她们为什么不买这种奇妙的护肤品？’一阵恐惧掠过我的脑际。我的第一个反应便是怀疑自己在公司里的新的冒险。我之所以忧心忡忡，是因为我把毕生的积蓄全部投入了公司。我对着镜子问自己，‘玫琳·凯，你究竟错在哪里？’这一问却使我恍然大悟——我竟然从来没想过请人定货。我忘记了向外发定货单，而只是指望那些女人会自动来买东西！你可以判定，我在第二次举行化妆品展销时没有重犯上述错误。

“是的，我失败了，而且几度忧心忡忡。但是分析了前因后果之后，我从失败中汲取了教训。我数千次向玫琳·凯公司的人讲述这段往事。我要他们知道，我首次举行化妆品展销时砸了锅，但是我并没有因此而罢休。我们这次失败是后来的成功之母。我确信生活就是一系列的尝试和失败，我们只是偶尔获得成功。重要的是要不断地尝试，勇于冒险。”

如果一家公司勇于冒险鼓励革新，那么他们就必须接受这样一个事实：不一定每一个可接受的设想都会取得成功，甚至能否被采纳也是一个问题。事实上，一个富有创新精神的新计划提出来时往往会使人兴奋不已，可是试行后可能会令人感到失望。但我们应该注意的是，不管员工提出的建议最终是否被采纳，提出建议的人绝不可以因此受到冷落。因为那样做必将挫伤其他人向公司提出自己富有创新精神的想法的积极性。

从更宏观的角度来说，人类正是在不断地冒险尝试与探索中进步的。人类文明史，正是人类不断地进行冒险和创新的历史。正是由于此，人类才从愚昧无知的境地里走出，拥有今天高度发达的社会文明。而从个人经历而言，我们的成长过程其实也是一个不断冒险的过程。在幼儿时期，我们都曾冒险站起来学走路，那是经过不断跌倒、爬起的过程才学会的基本技能；年纪稍长我们就都要学骑脚踏车，而这一过程也重复了学走路时的经历。还有人生的其他大部分技能，游泳、溜冰、开车、公开演讲等等，也没有一项是与生俱来的。你是怎么学会这些能力的？当然是冒险，否则的话，我们就只能爬行了。

美国著名汽车制造商维斯戈曾经说过："不敢冒险就是损失，因为最后它将毁掉你的生活。你无法预先知道你会变成什么样的人，也无法测试你的潜能，那么，如果你还不敢冒险，那么你就会无法追求你的理想。安逸的生活会使你变得好逸恶劳，经验愈来愈少，你的世界缩小了，它也变得顽固了。这样一来，最终受害者还是你自己。"

当然，每一次冒险，损失都不会完全避免。在生活中，我们如果连丝毫的损失都不能承担，那相应的，我们也不会有所得。

某种意义上，创新就是冒险的同义词。我们之所以要冒险，是因为风险背后可能是千载难逢的机会和收益。当你发现自己变得不那么愿意承担风险，也不那么争强好胜了，或者你发现自己身上增添了不少循规蹈矩、稳扎稳打、步步为营的倾向。那么你就应该注意了，因为这对于一个想做一番事业的人而言，这是极为危险的。

当然，冒险也并非铤而走险甚至愚昧地蛮干。在很多时候，敢冒风险的勇气和胆略是建立在对客观现实的科学分析基础之上的。只有那些具备顺应客观规律，加上主观努力，力争从风险中获得效益的心理素质的创业者，才能有成功地希望。而这种心理素质，就是人们常说的胆识。无论如何，敢于冒险，都是挑战成功的第一步。

雷厉风行，不打折扣

无论你有多么精准的眼力和长远的眼光，无论你的目标多么正确，也无论你的计划有多么的完美，哪怕所有的真理都控握在你的手里，可是如果你不具备非凡的勇气和魄力——一股子狠劲儿——把它们付诸行动，那么这所有的一切都将是画饼充饥而已。

卓亚公司在产品设计与开发方面的缺陷，老板黾一飞心里再清楚不过了，他知道如果再不加以改善，公司迟早将会坍台。为此他曾经挖过竞争对手的墙脚，不惜高薪在全国范围内刊登招聘广告……

一年多前，通过猎头公司，他终于得偿所愿地请到了一位职业经理人罗起陇。经过一个月的倾心长谈，黾老板对这位经验丰富的罗先生大有相见恨晚之意，而罗先生在这方面显示出的深邃见解，也令公司高层大为折服。所以，黾老板当即任命他为公司第一副总裁，全权负责产品设计与新产品研发工作。

在这位新任副总裁的领导下，公司迅速行动起来，成立了旨在制定与提高产品研制开发能力相配套的企业文化与制度的研讨班。在两周时间之内，就出台了一个列有十多项实施步骤的操作方案，其中第一项就是建立项目责任制。

毫无疑问，这一方案具有很高的商业价值，据此可以对研发项目作出财务预算与进度控制，理应受到更多的关注。由于它的成本计算方法不仅涉及人工，而且还将时间耗费计入成本，这将迫使公司打破过去条块式人事管理框框，对人员进行合理配置，以利产品技术研发项目的顺利实施。

如果不实施此项整改方案，即使想要致力于产品设计与研发，即使手里有了新项目，卓亚公司也很可能难以在这方面取得实质性的进展，重复过去的老路——

过去，卓亚公司在产品设计与开发方面并不是毫无作为，早在三年之前就成立了一个人才储备充分的研发中心。但是这些技术专才大都没有改掉过去在国营部门养成的坏毛病——为了丰富自己的履历、发展多方面的技能，每人手头都把着三个以上的项目。在一个只要夸夸其谈就能赢得声誉和高薪的类似于过去大锅饭体制下，谁会专注于某个产品设计开发攻关？由于许多项目没有实际上的负责人，人们把大量时间花费在往返于不同项目开发进度的碰头会、和收发转发内部往来和大量“有问无答”的电子邮件上。

该部门的经理抱怨说，由于人员分属于各个不同的技术小组，既无法独立承担和完成某一课题，又总是要与其他技术小组争长较短，就像一群小孩子，就是不吃或吃不下去，也要抢着把桌上各种各样的菜扒拉到自己的碗里。项目进展能不像蜗牛一样缓慢吗？

罗副总裁到任之后不久，很快就发现了卓亚公司在研发体制上的弊病：管理方法、人员调配与奖惩制度等方面都有待改进。所以就草拟出台了此项方案。通过对比，黾老板非常清楚地感觉到：新方案实施会大大提升卓亚在产品开发研制方面的效能。

看起来，连同老板在内的所有卓亚高层管理人员对此非常感兴趣，好像下定决心准备动手改善公司的组织管理结构了。这里说“看起来”“好像”，是基于一个历史的判断——没有一场改革是一帆风顺、是不需要付出很大代价的！

在任何一场改革面前，切身利益受损的、想靠着旧体制混日子的、积习易破却对事物无法适应的等等，诸如此类的人即使不会跳上台来公开反对，也会拼命在暗中使绊子拖后腿。

卓亚公司的绝大多数员工（包括中高层管理人员）也是不能例外的。按说，在新官上任三把火的罗副总裁面前，在那个极有说服力的方案面前，既然老板决定执行的事情，即使有人有不同的意见，也不会傻到公开唱反调，但是心里的不痛快、抵制却是显而易见的。

所以，方案虽然获得一致通过，但事实上却没有采取任何实质性的行动，大家期待改变，可却什么也没发生。

一年之后的卓亚，几乎没有任何改变。虽然企业在组织结构、项目组人员配置、项目预算与资源配置等方面作出了调整，项目负责人也有了，但仍然没人对项目的预算、盈亏负责；项目评估程序也有了，但产品开发的速度与质量，还跟以前差不太多。为什么大家认识一致的事情，却没有取得任何成果呢？

首先，在黾老板看来，有罗副总裁这么能干的人加盟进行，且对卓亚公司存在的问题进行了广泛、深入的探讨，拿出了改进方案，并获得公司上下一致通过。而且方案已经细化到产品的设计程序，问题就已经解决了一大半，他也就可以高枕无忧了。

可是，病情报告出来了，药方也开了不少，药也抓了吃了，这病自然也就好了，根本不必再去复查！你说说看，有这道理吗？

其次，刚好这一年多来，卓亚公司产销两旺，黾老板整日里眉开眼笑，跟一年前比简直像是换了个人。

罗副总几次向他反映方案执行中出现的问题——方案虽然得以部分执行，但有关跟踪方案实施情况、保证措施到位的机制还很薄弱，任他怎么一推二拉三吆喝，各个项目小组就是拖拖拉拉，效率低下出不来活儿，因此他建议有必要对员工进行培训等等。

但是黾老板总是拍着罗的肩头安慰他说：

"罗总啊，你的心情我理解，但是路要一步一步走，饭要一口一口吃，这些人的毛病我全知道，但都不是坏小孩，迟早是会觉悟的，没必要拉到教室里去搞培训嘛。再说，自从你来了以后，公司已经发生了很大的变化，我看，前途光明得很！留人一步田地，你也不用追得太紧了。"

因为公司业绩看好，似乎也就没有当初那股子解决问题的紧迫感了。既然黾老板都不再锐意要把改革进行到底，管理人员自然也就不会费神真正贯彻执行什么决定了。可是，黾老板似乎忘了一个真理：

当决定停留在纸面上时，本身并不带来任何变化。

这一现象，在大型企业中尤为显得突出。那里的老板和高层管理干部已经习惯了看财务报表和各种书面报告，而远离了实际操作（远离了现场）。他们把大量时间用在闭门酝酿、开会演讲、搞案头工作，真正花在脚踏实地，学习、提升管理效能上的时间却少得可怜。

龚于野，从事矿业管理已近二十年。两年前受聘担任某民营矿业公司采掘事业部总经理，其间主持收购了云南某国营铜矿，在他兼任这个铜矿企业的短短半年之内，由于他与属下建立起了一套崭新的合作伙伴关系，脚踏实地地对生产管理进行了锐意改革，让这个企业焕然一新：生产成本下降了24%，产量提升了30%，公司的业绩全面提高约50%。

一年之后，总公司筹措上市，为了在账面上体现足够的利润盈余，以市值7倍的价格将该铜矿出售给了另一家民营公司——博大（据说取意于“地大物博”）。一朝天子一朝臣，龚于野当然是在清除之列，但是为了交接，总公司仍将龚放在副总位置上留用了半年多，直到龚主动提出辞职。

然而，该矿在被博大公司收购之后不久，赢利状况就开始恶化，六个月之内，账面资产损失已近千万。到底发生了什么呢？

原来，博大虽然是一家成立不过十年的独资民营公司，但总公司老板手下却养着一支相当专业的官僚机构，在日常经营管理工作当中注重的是资金、运营计划、预测分析会、财务状况报告。老板通常依赖这帮爪牙来对分公司进行中央式集权控制，不管这家分公司是在总部所在地的近郊，还是像该铜矿一样远在千里之外的深山老林。

这种管理方式经常会给博大下属的分公司造成很大的麻烦。比如，当公司整体运营情况出现问题时，业绩再好的分公司员工的奖金也必须按总公司平均水平发放。这种工作成果得不到认同的做法，自然会对员工的工作积极性造成严重打击。

龚于野说：“从未亲临过矿场的老板甚至会听任那些同样没有来过现场的总部官僚限制该矿采掘产量，而把太多的时间、精力浪费在了开会、准备报告、电脑演示上。”

他描述了在被留任博大铜矿副总时的工作情况以及为此产生的困惑：“我每个月有近两周时间浪费在往返公司总部请示汇报（必须亲自前往，规定不能以发送电邮和传真的方式汇报请示）的路上。而在总部期间，大都被安排在遮掩得严严实实的会议室里，一遍又一遍地看着投影在幕墙上的计划、报告、企业战略演示、财务说明等等……

“当然，所有这些活动，并不是有意识地让总部各部门与下属分公司主管相互了解、学习，而是为了让我们这些当属下的对总部及老板的远见卓识印象深刻。

“我曾经不止一次地建议老板，我们并不是在做专业展示活动，而是实实在在地在经营采矿，幕墙上的东西再好看，如果不切实际，一点用处也没有。在我看来，如果老板和总部搞专业演示会，向风险投资人募集资金的话，也许要比演示给我们看成功得多。

“说起来很可笑，不管大事小事都得要在老板和总部的控制之中，是不是老板和总部官僚们觉得只有通过这些报告、会议、演示，才能显出他们高高在上？真正的问题是，时间是不可再生资源，当太多时间从会议、演示中流逝，能够用在执行上的，用在了解企业正在发生什么上的，用在提高企业管理水平上的时间已经所剩无几了。”

口水多了，笔头子钝了，手脚也就不利落了，老板的腰包怕也不会更鼓（除非诓骗）了——这也是一条铁律或真理？

对大多数老板来说，最普遍、也最省事的“数学式”莫过于“信条+目标=口号”。

请不要误解，这里的本意不是想要否认企业信条、远期目标、核心价值观等等，是许多成功企业赖以成长的源动力。而且总有那么多的资料一再表明拥有这些东西，并使之成为在企业员工口传心授的核心文化，深得员工理解、接受，对企业管理是很重要的。

一位老板说过：

“每个人开口闭口都会高喊‘企业文化’，好像不讲企业文化，没有企业信条、价值观之类的东西，就成了出土文物似的，就不配叫公司，就不懂现代企业经营管理似的。看到那么多的老板把大把大把的钱和时间精力花在所谓的建立企业文化上，最后，文化有了，公司却趴下了！不太可笑了吗？难道企业文化就是摆花架子花钱买好看？

“所以，还是不要跟着乱起哄，别人喊你也喊，做企业不是比谁的嗓门大唾沫多，而是要看实实在在的干，实实在在的效能！能赚钱能提高企业效能的，才算是真正的企业文化！如果不比赚钱比花钱才是企业文化，那么，我看这种企业文化还是不要的好，倒掉的企业再有文化我们也不要，不倒的企业再没文化也是一种文化！

“有的企业一说起文化，就好像复印纸不要钱；在企业里，每一张复印纸都意味着多加一毛钱的成本，这个成本要花，但是必须生出十倍百倍的利润来，才能花！复印出来堆着好看，复印出来不能见之于行动就进废纸篓的，坚决不能花。依我看，这才是真正的企业文化。”

且不论这位老板是否太现实，但是他的现实让企业文化变得很通俗，而另外一些津津乐道企业文化花钱买心跳的人才是真正令企业文化庸俗化的罪魁。

庸俗化的标志之一，就是有太多的老板热衷于把企业信条或价值观以某种方式表达出来，打印在小卡片上让每位员工携带，或是镌刻在标牌上，或是写在海报上，给企业贴上什么认证标志……似乎只有这样就算是真正建立起了企业文化，不用做就能让企业运作得更好，张着口就能等到天上掉下的馅饼！他们的逻辑就是：钱花出去了，有了信仰，有了价值观，有了标语、口号，企业就有了发展前景。

但是，他们恰恰忘了最重要的一点：

企业文化，需要实实在在的行动！

就像文凭好看不等于一个人的能力强！眼观心动口动，还要手动脚动见行动，才算没把企业文化打水漂！

我们没有理由期望编印在小卡片上的价值观词句会自动改变人们的行为模式。然而很多老板却仿佛认为这些词句有着神奇的力量，可以满足客户需求，提高质量，使员工处于良好的工作状态并提高工作效能。

挂起护身符，就真的能驱赶妖魔鬼怪吗？

现在我们来看一下，这些词句的神奇力量是如何在一家公司老板身上发生作用的：

所谓的咨询顾问使得这位老板认识到了“企业文化”的重要性，在企业识别标志、内外形象展示（就像女孩子涂脂抹粉一样）和产品包装上花了大量的银子，也订立了员工行为规范手册、服务标准、岗位操作规程等等，还花五万块钱通过了什么国际标准认证。逢人逢会，老板就把这堆宝贝抱出来展示夸耀一番……

可是，不知道是这些花大价钱请顾问公司设计（可能是从哪儿抄来的，短短三个月能整出啥名堂?）出来的东西太脱离实际？还是老板自认为自己的企业运作无须改进？反正就是没有贯彻实施的意思，看上去好看多了，培训也免了，一切的一切全成了挂在墙上图好看的玩意儿，除了老板偶尔翻出来给别人看看，底下根本没人把它当回事儿。所以，那新瓶子里面装的还是原来那罐馊酒！

在历史上，经常会出现一些十分有水平的人物，他们能够在形势尚不明朗之前预见到事物将来的发展，比如诸葛亮在破茅庐里就能琢磨出天下将来会三分等，但诸葛亮的这种琢磨是不需要成本的，即使他琢磨得不对，也没有人去找他麻烦。可若是他不走出茅庐，又岂能三分天下有其一？所以，对那些想要成就一番事业的人来说，必须要做到言必行，行必果，雷厉风行，不打折扣地将一切设想付诸于行动。

勇于承担责任

一个负责任的人应该有谦虚、诚实、敢做敢当的品德，敢于对过去的错误负责任，也敢于承担以后生活的重担，一个成功的人一定会对责任心知肚明，并身体力行地去执行它。

能勇敢地承担起生活责任，你就能对你的生活负责。如果现在所面临的一切状况，都和你没有任何关系，那你又如何能改变他们呢？要明白，路要如何走下去，生活该如何进行下去，全部掌握在自己手中。

并不是每个人都能理解接受这种观点，能够真正对自己负责的人并不多，可是如果你做不到这一点，你就永远得不到你想要的东西。只有你肯为过去没有实现的目标负责，你才能创造出美好的未来。

不懂得负责，从小说会影响到个人的前途，从大说还可以影响到国家的命运。负责任可以让你拥有良好的素质，依靠这种素质，甚至可以拯救你的国家。下面要讲的“国王与蛋糕”的故事，也许会给你带来一些启示。

很久以前，在一位国王统治时期，社会动荡不安，周围的国家经常入侵国王的领土，而且侵略者实力强大，屡战屡胜。

经过多年的战争，国王的国家已经快要从地球上消失了。

有一次，国王和他的士兵共同对付敌人，几经拼杀，整个军队快要覆没了，剩下的人，包括国王在内，都只顾保全自己的性命。最后，国王把自己装扮成牧羊人的模样，逃到了一片森林当中。

国王在树林中忍饥挨饿地流浪了数日，终于找到了一间猎人的小屋。在饥饿的驱使下，国王敲响了小屋的门。

给国王开门的是猎人的妻子，她并不认识国王。国王向她乞讨一些吃的，并希望能留宿。她说：

“你帮我看好炉子上的这些蛋糕，不要让它们被烤焦了，你晚上也就会有饭吃了。我现在要出去挤牛奶了，记得看好炉子。”

国王起初按照她的要求认真地看着炉子上的蛋糕，可是不久他就开始为自己的事情烦恼了。他心里不停地思考着怎样打败敌人，重振自己的国家。想着想着，国王就把蛋糕的事给忘了。

一会儿，当那位太太回来时，蛋糕已经被烧焦了，屋子里到处都是烟，而国王此时还在炉子边出神，对这一切毫无察觉。

太太生气地朝着他喊道：

“你这个懒惰的家伙，这么点小事都做不好，我们的晚餐彻底泡汤了。”

国王这时才回过神来，感到很惭愧。

猎人就在此时回来了，一眼看出坐在炉灶边的那个人就是国王。紧张地对他太太说："你知道你在和谁说话吗？他可是我们的国王啊！"

他太太一听，吓坏了，赶紧向国王下跪，请求他的原谅。

国王温和地把她扶起来，对她说："你说得是对的，我既然答应帮你看好蛋糕，就应该说到做到。无论是谁，无论他的地位有多么高贵，只要接受了一项任务，就应该尽自己最大的努力去完成。我现在明白战争之所以会一次次惨败，就是因为我没有责任感，我的军队也受我的影响，缺乏责任感。下次我一定要打败敌人，履行一个国王应尽的责任。"之后，国王收编军队、重整旗鼓，终于将敌人赶出了国土。

有时我们要对以前的过错进行弥补才能更好地承担责任。有时候弥补并不一定很难，只要肯承认自己的错误或是真诚地向对方道歉就可以了。但有时也要付出沉重的代价，就像上面提到的国王，他几乎是在用整个国家来作代价。在英国，有这样一个感人肺腑的故事：

罗杰·约翰逊20岁的时候正好赶上"二战"。他在飞行中队担任领航员、轰炸机投弹手以及航空机枪手。部队的营地位于离波尔布鲁克村不远的地方。有一天，他在乡村错过了通往营地的最后一班公共汽车。由于当时有紧急任务在身，就私自借用了一辆停靠在一栋居民房子墙边的自行车，原本打算任务结束后就把车子送还回来，结果车子还没来得及还就不见了。

战争结束后，约翰逊一直步步高升。他先被提拔为上尉。之后，他重新回到大学，在医学院就读。毕业后，他做了一名出色的外科医生。他还和妻子一起帮助西印度群岛的政府建立了当地的第一所医院。要退休了，他却又出人意料地选择去法学院就读，试图成为一名律师，来帮助医生处理各类诉讼案件。

他从事治病救人的工作已有40多个年头，从来没有懈怠过，可有一件事始终困扰着他——当年他借的那辆自行车到现在还没有办法归还。在他68岁时，约翰逊买了100辆自行车从英国的拉雷运到了波尔布鲁克，并拿出一整个下午的时间在当年自己服役的机场上把这些车送给当地的孩子们。

对一般人来说，摆脱这件事情并不困难，但它却长时间困扰着约翰逊。

试想一下当时的情况：故事发生在战争时期，而且他为了执行紧急任务而不是办私事，所以约翰逊是可以不受指责的。但他却以实际行动给人们树立了一个勇于承担责任的榜样。这个故事到现在还一直为英国人所津津乐道。

世界上不存在可以不用承担责任的工作。责任的大小和职位的高低是成正比的，职位越高，你要承担的责任就越大。只要你想做事情，想把事情做好，就必须狠下心来咬紧牙关担起责任。

瞅准目标，孤注一掷

做事情要狠，还有一层意思就是：咬定青山不放松——只要瞅准了目标，就敢孤注一掷，一拼到底。在已逝苹果公司总裁乔布斯身上就集中体现了这种狠劲儿——只要确定目标，就要做到彻底，要么不做，做就要做到最好。

每年，史蒂夫·乔布斯都会带着他最有价值的员工进行一次百杰外出集思会。这 100 名员工是这样被选出来的：如果你只能带上 100 人跳上救生船去开创下一家公司，你会带上谁？在每一次秘密会议结束时，史蒂夫·乔布斯会站在一块白板前问大家："我们下一步应该做的十件事情是什么？"

人们会互相争论，提出自己的建议，而史蒂夫·乔布斯则把这些建议写下来，然后再删掉那些他认为愚蠢的。几轮辩论下来，整个小组将最终确定前十大"最应该做的事"。

然后，史蒂夫·乔布斯再把最后七件全部画掉，宣布"我们只能做前三件。"

到了 2001 年，史蒂夫·乔布斯白板上的"下一步做什么"清单中又多了一些新的可能性。

当时，互联网泡沫破裂了，纳斯达克指数也比最高时下降了超过 50%，数字领域被蒙上了一层阴影。就在这个时候，史蒂夫·乔布斯宣布了一项新的重大战略，这不仅将改变苹果，也将影响到整个技术产业——个人计算机不会成为边缘化的副线产品，而将成为一个“数字中枢”，整合各种数字设备，包括音乐播放器、录像机，以及相机。你可以用计算机连接并同步所有这些设备，它也可以管理你的音乐、图片、视频、信息，以及史蒂夫·乔布斯称为“数字生活方式”所包含的方方面面。

史蒂夫·乔布斯在年近30岁时一直在思考一个问题：为何人在30多岁后就会变得思维僵化、缺乏创新意识，并曾为此作过一个关于唱片的比喻“人们被卡在这些固有的形式中，就像唱片中某一段固定的凹槽，他们永远无法摆脱出来。当然，有些人天生就有强烈的好奇心，永远有一颗孩子般的心，可惜这样的人太稀少了。”

45岁时，站在人文和科技的交叉点上，热爱音乐、图片和视频的史蒂夫·乔布斯决定从他的凹槽中跳出来，因为他清楚地预见到了未来的数字革命，并准备全身心投人这一潮流之中。

在史蒂夫·乔布斯看来，数字中枢的本质就是把我们对创意艺术的欣赏和伟大的工程技术结合起来。史蒂夫·乔布斯在很多次产品介绍的最后都会展示一个简单的页面：上面有一个路标，标示着“人文”和“科技”的十字路口——他正处在这个位置，而且也是基于此，他才先人一步，有了对数字中枢的设想——把产品的所有部分都整合在一起，从硬件到软件，从内容到营销。

这对于苹果这样一个整合了计算机、数字设备和软件的公司来说，史蒂夫·乔布斯拥有绝对的优势。这也将意味着移动设备中的内容可以和计算机无缝连接，受其控制……

“孤注一掷”是他最喜欢的词之一，他也愿意把这个词用在他的这一新构想上。

当其他科技公司减少对新产品的投入，削减开支的时候，苹果反而决定继续投资。把投资集中在研发上面，发明出一些新东西，待到低潮期过去，苹果将会全面领先于竞争对手。结果，确实造就了苹果公司持续创新最辉煌的十年。

所以，苹果在请Adobe帮助开发视频软件遭拒绝后，史蒂夫·乔布斯下定决心：要对所涉足的系统领域内的所有关键元素和技术实施控制，加大研发力度和范围，以免受制于人。从那以后，苹果先后为Mac操作系统制作了许多目标用户定位在横跨艺术和科技交汇处的应用程序，比如数字视频编辑软件Final Cut Pro，为入门级用户开发的iMovie，制作视频或音乐光碟的iD-VD，与Adobe竞争的照片编辑软件iPhoto（本想），用于音乐制作和混音的工具“车库乐队”，管理歌曲的iTunes，以及购买歌曲的iTimes商店。

数字中枢的创意很快便随之清晰起来：

如果计算机成为一个中心，还可以使便携式设备变得更简单。这些数字设备中的很多功能——比如编辑视频或图片，都不太好用，因为屏幕太小了，很不适合功能太多的菜单。计算机就可以简单地解决这些问题。

如果将设备、计算机、软件、应用程序、火线整合到一起，就能让上述功能发挥得更好。而这个方案更绝妙之处在于，苹果是唯一一家提供这种整合方案的公司。微软做软件，戴尔和康柏做硬件，索尼生产数字设备，Adobe开发应用程序。但是只有苹果把这些整合到了一起。和往常一样，史蒂夫·乔布斯格外关注为用户制造出尽可能简单的产品，这也是成功的关键。

不久，史蒂夫·乔布斯就意识到音乐将是一笔大生意。2000年时，人们正热衷于把音乐从CD拷贝到计算机上，或者从文件分享服务商那里下载音乐，然后把自己挑选的音乐刻录进空白CD。那一年，美国的空白CD销量达到了3.2亿张，而美国总人口也只不过2.81亿人。这说明，有一些人非常喜欢刻录CD，但是苹果却无法满足这一人群的需求。

史蒂夫·乔布斯在iMac上加了一个CD刻录光驱，但这还不够。他的目标是把这一过程变得更简单：从CD上传输音乐到计算机、用计算机管理音乐，然后刻录。当时，虽然已经有其他公司在制作一些音乐管理软件，但史蒂夫·乔布斯发现这些软件既笨拙又复杂，就算是天才也只能搞明白其中一半的功能，于是便有了iTunes音乐管理软件。

作为数字中枢战略的一部分，史蒂夫·乔布斯在2001年1月的Macworld大会上发布了iTunes，让所有苹果机用户都可以免费使用该软件。他欢呼说：“和iTunes一起加入音乐革命吧，它可以把你的音乐设备的价值增加十倍！”

他的结束语引发了热烈掌声。

由此史蒂夫·乔布斯意识到，苹果可以设计一个和 iTunes 配套的设备，让收听音乐变得更简单。由计算机来完成复杂的任务，而音乐播放器的功能要简单。iPod 因此而诞生了——

2000 年秋天，史蒂夫·乔布斯开始督促设计便携式音乐播放器，但是鲁宾斯坦回应说还缺少一些重要的部件，他让史蒂夫·乔布斯再等一阵子。几个月之后，鲁宾斯坦开始选择合适的液晶屏幕和可充电的锂电池。不过，最大的挑战在于要找到一个尺寸小但存储空间大的硬盘。所以 2001 年 2 月，当东芝公司工程师把一个 1.8 英寸见方、5G 内存的硬盘展示给鲁宾斯坦时，他立刻就想到了该怎么利用它。把 1000 首歌装进口袋！

突然之间，一切都准备就绪了：一张可以承载 1000 首歌曲的芯片；一个可以操控 1000 首歌曲的界面和滚动式转盘；能够在 10 分钟之内下载 1000 首歌的火线连接；还有一块能持续播放 1000 首歌的电池。而且产品的概念也变得简洁诱人——把 1000 首歌曲装进你的口袋。

可是，这 1000 首歌曲从哪儿来？史蒂夫·乔布斯知道，有些歌曲可以从正规购买的 CD 中拷贝，这是合法的，但是还有一些是来自非法下载。仅从做生意的角度考虑，史蒂夫·乔布斯将得益于非法下载——它使用户以更低廉的成本填满自己的 iPod，而且以史蒂夫·乔布斯的反主流文化传统，他也不会对那些因之受损的唱片公司抱有同情。

但是他主张知识产权保护，艺术家们也应当劳有所得。所以，在开发工作接近尾声时，他决定 iPod 只能单向同步。用户可以从计算机里把歌曲转移到 iPod 上，但是不能把 iPod 上的歌曲转移到计算机里。这样就防止人们把已经同步到 iPod 上的歌曲复制给其他人。他还决定，在 iPod 的塑料包装上印一条简明的标语“不要盗版音乐。”

2002 年初，苹果公司遇到了一个挑战。iPod、iTunes 软件和计算机之间的无缝连接固然可以让大家更方便地管理音乐，但是要想得到新的音乐，你还是必须去外面购买 CD，否则便只能在网上下载歌曲——涉足文件分享和盗版服务的灰色地带。所以，史蒂夫·乔布斯决定再给 iPod 用户提供一个简单、安全而且合法的下载音乐的方式。

恰好此时，音乐产业也面临着一个挑战——一系列盗版的侵害，使得2002年的正版CD的销量下降了9%，音乐公司的高管们迫切需要制定保护数字音乐版权的通用标准，他们想把苹果公司也拉进来。

而史蒂夫·乔布斯却提出创立一个合法的途径，以便大家都会受益。音乐公司能赢利，艺术家能赢利，苹果公司也能赢利，而用户也会有所收获，因为他们既享受到了更好的服务，又不必偷窃。于是，iTunes网上音乐商店的概念诞生了。

接着史蒂夫·乔布斯便与一些唱片公司进行了很多轮谈判，直到2003年，iTunes商店才开始运作，仅6天之内就卖掉了100万首乐曲，成了音乐行业运营模式的一个转折点。

而且史蒂夫·乔布斯还是一个固执的完美主义者。在他看来，不是最完美的东西就不够好。史蒂夫·乔布斯的家里几乎一件家具都没有，整栋房子甚至没有一张床，原因是没有一张床令他满意，所以这个亿万富翁宁愿席地而睡。史蒂夫·乔布斯的好朋友，甲骨文公司创始人拉里·埃里森曾在公开场合证实此事。2009年，埃里森在点评史蒂夫·乔布斯时曾说："当年我和史蒂夫·乔布斯是邻居的时候，他一件家具也没有。史蒂夫·乔布斯竟然找不到符合自己要求的家具，我十分意外。如果不达完美，他宁愿不添置任何东西。"

史蒂夫·乔布斯就是这样的人，如果找不到令他满意的、完美的东西，他宁可不要。这种偏执地追求完美的艺术家个性，在苹果的产品研发中随处可见。当然，也正因为行事如此的"狠"，苹果才会败而不死，最终登上成功巅峰。

绝不允许敷衍

在古代，有一位富商要远行到外地，出发前他把自己的财产委托给几个仆人，叫他们代为保管，并告诉他们，他们可以用这些金币来赚钱。他根据每个仆人的能力，分别给了三个仆人 100 个金币、50 个金币、20 个金币。拿到 100 个金币的仆人拿钱去经商，赚到了 100 个金币；同样，拿到 50 个金币的仆人赚到了 50 个金币；拿到 20 个金币的仆人没有用来赚钱，只是将钱埋在了土里，因为他认为富商是叫他保存金币，而不是赚钱，他没有必要耗费那样大的精力。

很长一段时间过去了，富商回来了，和仆人们把钱数进行了核算。得到 100 个金币的仆人带着富商给他的钱和另赚的 100 个金币回来了。主人夸奖他干得不错。说："你是一个有自信、有头脑的人。我会把更多的事情交给你掌管。现在你可以享受你的奖赏去了。"

同样，拿到 50 个金币的仆人带着他另外赚的 50 个金币也回来了。他也得到了主人的赞扬，主人说："你干得也不错！也是一个有自信、有头脑的人。我会把很多事情交给你掌管。你也去享受你的奖赏去吧。"

最后，拿到 20 个金币的仆人来了，他对富商说："主人，我忠实地完成了您所交给我的任务，我把财产全部还给您。"主人回答道："笨蛋，你就算没有赚钱的天赋，你至少也应该把钱借出去，就算比不上经商获得的多，也至少保证我回来时能拿到那份利息。你以为敷衍我就可以了吗？"

有这样一句格言：超越平庸，追求完美。这句格言值得每个人用一生去体验实现。对自己的工作不重视、做起事来稀里糊涂、敷衍了事，抱着这种态度做事的人，永远不要指望自己有朝一日能出人头地。事实上，敷衍了事不仅会导致这样的后果，还会使你的工作效率急剧下降。

如果你一直都是以敷衍了事的态度对待工作，甚至是已经养成了习惯，那样大家就不会相信你是一个诚实的人。他们会怀疑你的工作质量，甚至会怀疑你的人品。工作是生活的重要组成部分，没有好的工作质量，你的生活也变得质量低下。对工作马马虎虎，也会导致工作的效率降低，甚至连做事的才能也会失去。所以，保证工作质量才能让理想不被破坏、生活充满希望、前进道路一帆风顺。

抱着不达目的不罢休的决心做事，抱着追求尽善尽美的态度做事，这是通向成功的不二选择，也是一个成功者的必不可少的素质。不管我们做什么，如果我们降低对工作的要求，认为差不多就可以了，或是只做了一半就中途放弃，那么成功永远不会垂青于你。做事半途而废，可能就意味着下一次你就要从头做起，时间就是这样浪费的。

敷衍了事所造成的损失其实不亚于粗心大意。许多人失败，就是因为做事敷衍。他们从来不追求把自己的工作做到完美无缺，他们的时间也就永远不会够用。

许多在职场中求生存的人，都不明白要想被提拔，就得忠实履行工作职责的道理。要想让自身价值得到实现，只有尽职尽责地做好本职工作。

一个成功者和一个失败者有着本质的区别：成功者做事态度认真，不会有丝毫轻率疏忽，力求结果能尽善尽美。失败者的态度却与此大相径庭。

工作无小事，要严格要求自己，凡事都追求完美，能做到最好，就不要偷工减料认为做到次好就可以了；有能力将事情全部完成，就不要给自己留百分之一的缺憾。有了这种信念，你做事就不会只想着差不多就可以了，没有了拖拖拉拉的习惯，你的生活的质量也会跟着得到提高。

只有温度达到100℃的水才是开水，差一度都算不上，在这时就要趁热再加一把火，让温度再升高1℃，水才会沸腾，才能产生水蒸气，机器才能被带动起来，进而创造巨大的经济利益。100件事情中如果只差1件事情还悬而未决，这件事就有可能对某一对象产生百分之百的影响。

一家房地产公司的老总讲了这样一件事情：

1987年，与我们公司合作的某外资公司有一位工程师，为了拍项目的全景，徒步走了2公里爬到一座山上，把周围的景观都拍得很到位。实际上这件事在楼上就可以完成。当时问他为什么要如此大费周折，他回答说：“我要对整个董事会负责，回去他们问我，我要确保能把这整个项目的情况告诉他们，否则就是我没完成任务。

交给我做的事情，确保让任何人都放心。只有100分才是合格，差1分也不行。而敷衍了事，只会使自己翻工。”这就是这位工程师的个人信条。

没有小事的累积，就没有大事的成功。了解了这一点，小事才会受到人们关注，人们才会注意改掉以前马虎的毛病，培养自己做事严谨的态度。

做事严谨就要对大、小事一视同仁。小事中也有可能蕴含着令人深省的道理，认为小事可以忽略不计的想法，严重影响着我们的工作效率，也是我们做事失败的根源。

敢认输，肯撒手

这一课没有哪个学校开设，这一课却人人都应学会，这一课叫：学会认输。

学会认输是什么？一个人如果听惯了这些词汇：百折不回，坚定不移，前仆后继，永不言悔……那么，他需要学会认输。

学会认输，就是知道自己在摸到一张臭牌时，不要再希望这一盘是赢家。只有傻子才在手气不好的时候，对自己手上的一把臭牌说，咱们只要努力就一定会胜利。当然，在牌场上，大多数人在摸到一张臭牌时会对自己说，这一盘输定了，别管它了，抽口烟歇口气，下回再来。可在实际生活中，像打牌时那么明智的，却少之又少。想想看，你手上是不是正捏着一张，舍不得丢掉？

学会认输，就是在陷进泥塘里的时候，知道及时爬起来，远远地离开那个泥塘。有人说，这个谁不会呀！不会的人多了。那个泥塘也许是个不适合自己的公司，也许是一堆被套牢的股票，也许是个“三角”或“多角”恋爱，也许是个难以实现的梦幻……

生活中不同的人在这样的泥塘里是怎样想的？他们会想，让人家看见我爬出来一身污泥多难为情呀；会想，也许这个泥塘是个宝坑呢；还会想，泥塘就泥塘，我认了，只要我不说，没人知道！甚至会想，就是泥塘也没关系，我是一朵荷花，亭亭玉立，可以出污泥而不染……

学会认输，就是在被狗咬了一口时，不去下决心也要咬狗一口；就是在被蚊子咬了一口以后，不气呼呼地非要抓住“元凶”不可……

也许有人会说，这有什么不懂，谁又不是傻子。

不过在现实生活中，被另一类狗咬以后，很难做到不去跟狗叫劲。至少我们常见到这样的人，他不承认现实中有“蚊人”和“走狗”，他永远在抱怨蚊子的可耻和狗的卑鄙，到处寻找报复“小人”的契机，并且总是张口就来一句“狗日的，气死我了……”来证明他正与狗在讲理。

学会认输，就是上错了公共汽车时，及时地下车，另外坐一辆车。

这也好懂，只是人们这样的行为，一旦不是在公共汽车上出现，自己就不太愿意下车了。比方说，如果是一桩婚姻，一个写了一半的剧本，一个正从事的发明，难！于是就努力向售票员证明是他的错，是他没有阻止自己登上汽车；于是就努力说服司机改变行车路线，教育他跟着自己的正确路线前进；于是就下决心消灭这辆汽车，因为消灭一个错误也是件伟大的事业；于是说坚持坐到底，因为在999次失败后也许就是最后的成功。

人生道路上，我们常常被高昂而光彩的语汇弄昏了头，以不屈不挠、百折不回的精神坚持死不认输，从而输掉了自己！学会认输应该是最基本的生活常识，臭牌教过我们，泥塘教过我们，蚊子和狗也教过我们，只是我们一离开这些老师，就不愿从上错了的车上走下来。也真奇怪了。

记住：该认输时就认输，该撤手时就撤手。

第三章 绝不能姑息养奸

你不能心存妇人之仁，要狠下心来，对那样欠收拾的人，你必须要抽得他痛彻心扉，不服打到他服，忍无可忍无须再忍，留着化脓不如割了痛快，赏之不足罚之怀怨只得清除，防微杜渐，绝不姑息养奸！

果断清除害群之马

把一匙酒倒进一桶污水，得到的是一桶污水；如果把一匙污水倒进一桶酒，得到的还是一桶污水。

黄帝时，大隗是一个很有治国才能的人，黄帝听说了他的才干，就带领着方明、昌寓、张若等六人前去拜访，在具茨山下一条山沟里，七个人都迷了路，见旁边有一位牧马童子，就问他知不知道具茨山？

牧马童子说："知道。"

黄帝又问他，知不知道有一个叫大隗的人？

牧童说："知道。"然后，他把情况都告诉了他们。

黄帝见这牧童年纪虽小却出语不凡，就问他："你懂得治理天下的道理吗？"

牧童说："治理天下跟我这牧马的道理一样，唯去其害马者而已！"

在任何组织里，几乎都存在几个难弄的人物，他们存在的目的似乎就是为了把事情搞糟。这样的人就是人们通常所说的"害群之马"。

诸葛亮在《将苑》中专门有一篇《逐恶》指出了五种害群之马的特征，值得我们今天的管理者好好地推敲研究。他说：不论是治军还是理国，有五种人需要对之注意，他们是国家、军队混乱的祸患。这五种人是：私结朋党，搞小团体，专爱讥毁、打击有才德的人；在衣服上奢侈、浪费，穿戴与众不同的帽子、服饰，虚荣心重、哗众取宠的人；不切实际地夸大蛊惑民众、制造谣言欺诈视听的人；专门搬弄是非，为了自己的私利而兴师动众的人；非常在意自己的个人得失，暗中与敌人勾结在一起的人。这五种虚伪奸诈、德行败坏的小人，对他们只能远离而不可亲近。

“害群之马”的可怕之处，在于它那惊人的破坏力。一个正直能干的人进入一个混乱的部门可能会被吞没，而一个无德无才者能很快将一个高效的部门变成一盘散沙。组织系统往往是脆弱的，是建立在相互理解、妥协和容忍的基础上的，很容易被侵害、被毒化。

一个组织的管理者是否懂得害群之马的危害，并且在工作中加以抑制，直接关系到组织的绩效。如果组织里有“害群之马”，管理者应该马上把他清除掉，千万不要等到其酿成大患的时候再采取措施——一旦把污水倒入酒里，酒就会被污染，想要消除这种危害，就势比登天了。

最糟糕的是，他们就像苹果箱里的烂苹果，如果你不及时处理，它就会迅速传染，把苹果箱里的其他苹果也弄烂。

破坏者能力非凡的另一个重要原因在于，破坏总比建设容易。一个能工巧匠花费时日精心制作的瓷器，一头驴子一秒钟就能毁坏掉。如果一个组织里有这样的一头驴子，即使企业拥有再多的能工巧匠，也不会有多少像样的工作成果。如果你的组织里有这样一头驴子，你应该马上把它清除掉；如果你无力这样做，那就应该把它拴起来。

丹尼斯·罗德曼是一个篮球运动员，在他的职业生涯中，他先后效力过5支球队——底特律活塞队、圣安东尼奥马刺队、芝加哥公牛队、洛杉矶湖人队和达拉斯小牛队。除了在湖人队和小牛队罗德曼是混饭吃之外，在前三支球队，罗德曼都有足够的能力“不辱使命”。

1986～1993年，罗德曼在底特律活塞队度过了7个赛季：虽然在兰比尔等人的教导下，他打球不够光明磊落，并且为自己赢得了“坏孩子”的称号，但他尽自己最大的能力为球队作出了贡献，所以底特律活塞队时期的罗德曼，是球队团结稳定、积极向上的一个因素。然而，在1993年，罗德曼转会到马刺队的时候，事情发生了变化：虽然罗德曼的到来使球队变得更加强大，但他的特立独行、唯我独尊让马刺队吃尽了苦头。

他最“不耻”三类人，或者说他把三类人看成自己的敌人：首先是戴维·斯特恩——NBA的总裁。因为斯特恩要维护NBA的形象，不允许罗德曼为所欲为，对罗德曼的很多行为都会给以处罚。这让罗德曼很不高兴，他认为斯特恩干涉了他的自由，所以他就要和他对着干。

第二类人是马刺队当时的主教练希尔，以及对球队指手画脚的球队总经理波波维奇。因为，他们希望驯服罗德曼，使罗德曼听从指挥，在球场上更大地发挥作用。但当时的罗德曼已经获得了两个总冠军，自视极高，他甚至希望教练听从他的指挥，这种矛盾便不可调和了。

第三类人是戴维·罗宾逊等球员。罗宾逊是马刺队的绝对核心和精神领袖，工资比罗德曼高很多。但罗德曼认为罗宾逊是高薪低能，在关键比赛中总会“掉链子”。反而是自己这种能“左右”比赛胜负的选手不受重用，挣的钱还很少。事实上，罗德曼无论在活塞队，还是在马刺队，以及在公牛队，他挣的钱都不和他的名声成正比。

在这种思想指导下，罗德曼成为球队中的不稳定分子，也可以说是一个破坏者。在 1994 ~ 1995 赛季季后赛的第二轮比赛中，马刺队对阵湖人队的第三场比赛中，罗德曼在第二节被换下场。当时他很不满，在场边脱掉球鞋，躺在记者席旁边的球场底线前。暂停的时候，罗德曼也不站起来，不到教练面前听讲战术。后来，马刺队输掉了那场比赛。

当时，摄像机一直对着罗德曼。球赛节目播出后，马刺队的管理层大为光火，联想到罗德曼平时的所作所为，他们认为罗德曼已经严重影响了球队的团结，于是决定对罗德曼禁赛。在随后的比赛中，马刺队团结一致，将湖人队淘汰出局。

对于团队中的破坏者，最英明的决策就是将他清除出去，或者限制他的行动。

从结果来看，马刺队对罗德曼禁赛的决策是正确的。一个球队也是一个团队，不能因为员工在某一方面突出就可以忽视整个团队的利益，当然，也不能因为他的懈怠而阻碍团队前进的步伐。

马刺队对罗德曼的处理手段对每个管理者都有一定的启示作用。

一般的管理者都要面对众多的人。人的性格是多方面的，为人处事、对待工作的态度亦因性格、修养等因素表现各异。有兢兢业业、开拓创新之士，也有只说不干、胡乱捣蛋之徒。前者是推动事业发展的主力军，后者则是阻碍事业前进的绊脚石。身为领导者必须对下属的工作能力、工作态度有充分的认识和了解。聪明的主管都深知集体的团结和纪律的严明是企业生存和发展的根本这个道理，所以他们对企业中的那些“不地道”的员工时刻保持着高度的警惕，该批评的时候就批评，该清除时便清除，毫不犹豫、不留情、不手软，以保持企业的凝聚力和竞争力。

具有下列几种行为的员工，是不能容忍的，应立即予以批评，严重的话也可以考虑清除：

1. 以“我”为中心，很难与人合作

一项工作通常是需要各部门之间互相协调，员工之间通力合作的。这种员工往往心目中只有“自我”，工作中突出“自我”，我行我素，其他员工一般很难与之合作，不利于工作的整体推进。

2. 没有干劲，缺乏责任感

这是一种抱着“混”的态度应付工作的人。这种员工普遍缺乏责任感，工作草率、马虎，对分内的事也不认真去做，“当一天和尚撞一天钟”。至于这钟撞得好不好、声音响不响，他全然不管。

3. 心胸狭窄，容不下别人

这种员工多少都有一点才气。因为这点才气，表现自然自负，然而，他又不愿看到别的同事超过自己，无容人之量，这种员工多数群众基础不好。由于他心胸狭窄难容人，和同事少不了有磕磕碰碰的事情发生，别人也不愿意和他同处。

4. 净耍嘴皮子不干事

事情是要一件一件来做的。工作中的事每一件都是具体而实在的，不身体力行是无法完成的。

社会上曾流传有这样一句话:“干的干，看的看，看的给干的提意见。”此类员工就是说的多，干的少，企业中他们的存在，不但影响着其他员工的情绪，也会败坏整个工作作风。

5. 只会溜须拍马，和主管套近乎

这种员工的心思不在干好本职工作上，而是寻找机会和主管拉关系、套近乎，以求得对自己的“照顾”。对工作往往心不在焉，得过且过。

6. 牢骚满腹，不满太多

这种员工表现在对办公室内许多事情怀有成见。爱发牢骚，说三道四，影响其他员工的积极性。这种员工的存在，对稳定员工思想具有消极作用。他们常常对许多事都看不惯，随便乱说乱讲，尤其对新员工的成长不利。其危害不可小觑。

7. 阴毒损坏，爱说人坏话

这种员工思想不够健康，经常在背后讲人坏话，影响员工的团结。

8. 对任何人都持怀疑态度

这种员工在工作中不会接受其他员工的建议，哪怕他的做法是错误的，也只相信自己，不把别人的意见放在心上。固执己见，容易出错，出现失误。

9. 头脑不清，办事稀里糊涂

这种员工工作态度一般比较端正，但做事不善动脑，缺乏条理，思维不清楚。不知道自己在做什么，目的何在？

没有哪一位主管希望自己的部门出现员工不团结，影响工作的现象。要维护工作的正常进行，对一些害群之马必须采取果断的措施予以制止。不然的话，许多事情是不能按计划发展的，后患无穷。

防备趁火打劫

趁火打劫，是乘人之危的同义语。“劫”，抢劫，它的字面意义是，趁人家失火忙于营救，无力旁顾的时候，或抢掠东西，或劫持生灵，大发危难之财，属于落井下石的不义之举。但在敌对双方处于势不两立的战争状态，趁火打劫，无疑是克敌制胜的难得机遇。敌人处于危难之中，柔弱不能自拔，选择这种时机乱中克敌，必能稳操胜券。

明朝末年，李自成与吴三桂在山海关打得难分难解，多尔衮率清兵从侧翼协助吴三桂，两相夹击，李自成力不能支，很快溃败。从此清兵长驱直入关内。

我们从多尔衮致史可法的信中可以清楚地看出多尔衮的动机，他在信中说，“国家之抚定燕京，乃得之于闯贼，非取之于明朝。”这就是典型的趁火打劫。

《孙子兵法》说:“兵贵胜，不贵久。”意思是打仗要速战速决，避免拖入持久战。在打击对手的时候要牢记，不出手则已，出则必击要害。正如打蛇要打七寸。清代红顶商人胡雪岩富可敌国，可他的崩溃也极其迅速。原因就在于，他的对手盛宣怀采用直击要害的手段，使他短时间内力不能支，最终一发不可收拾，财富大厦轰然倒塌。

胡雪岩与盛宣怀分属不同的利益集团。胡的后台是左宗棠，盛的后台是李鸿章，而左与李有极深的矛盾。这就是胡与盛斗争的缘由。

胡雪岩每年都要囤积大量生丝，这生意越做越大，垄断了生丝市场，控制了生丝价格。盛宣怀抓住这一时机，通过电报掌握胡雪岩生丝买卖的情况，一边收购生丝，向胡雪岩的客户出售，一边联络各地商人和洋行买办，叫他们今年偏偏不买胡雪岩的丝，致使胡雪岩的生丝库存日多，资金日紧，苦不堪言。

胡雪岩五年前向汇丰银行借了六百五十万两银子，定了七年的期限，每半年还一次，本息约五十万两。上年他又向汇丰银行借了四百万两。这两笔款子都以各省协饷作担保。这时，胡雪岩历年为左宗棠行军打仗所筹集的八十万两之巨的还款正赶上到期，这笔款虽然是清廷借的，经手人却是胡雪岩，外国银行只管朝胡雪岩要钱。这笔借款每年由协饷来补偿给胡雪岩，照理说每年的协饷一到，上海道台府就会把钱送给胡雪岩，以备他还款之用。

盛宣怀在此却动了手脚，他找到上海道台邵友濂，直言李鸿章有意缓发这笔协饷，时间是二十天。邵友濂是李鸿章的人，虽然畏惧左宗棠，但想缓发二十天也不算什么事，自然照办了。

对于盛宣怀来说，二十天已经足够了，因为他已经串通好外国银行，向胡雪岩催款了。这时，左宗棠远在北京军机处。由于事出突然，胡雪岩只好将他阜康银行各地钱庄的钱调来八十万两银子，先补上了这个窟窿。他想协饷反正要给的，不过是晚发二十天而已。然而盛宣怀却给了胡雪岩致命一击。他通过电报，对胡雪岩一切调款活动都了如指掌，估计胡雪岩调动的银子陆续出了阜康银行，阜康银行正空虚之际，就托人到银行提款挤兑。

这些提款的人都是绅商大户，少则数千，多则上万。盛宣怀知道，单靠这些人是挤不垮胡雪岩的，他便让人四处放出风声，说胡雪岩积囤生丝大赔血本，只好挪用阜康银行存款。如今尚欠外国银行贷款八十万，阜康银行倒闭在即。尽管人们相信胡雪岩财大气粗，但他积压生丝和欠外国银行贷款却是不争的事实。很快，人们由不信转为相信，也纷纷开始提款。

挤兑先在上海开始。盛宣怀在上海坐镇，自然把声势搞得很大。上海挤兑发生之时，胡雪岩正在回杭州的船上。此时，德馨任浙江藩司。德馨与胡雪岩一向友好，听说上海阜康即将倒闭，便料定杭州阜康一定要发生挤兑。他忙叫两名心腹，到库中提出二万两银子，马上送到阜康。杭州的局势尚能支持，上海那边却早已失控了。胡雪岩到了杭州，还没来得及休息，又星夜赶回上海，让总管高达去催上海道台邵友濂发下协饷。邵友濂叫下人假称自己不在。胡雪岩这时候才想起了左宗棠，又叫高达赶快去发电报。殊不知盛宣怀暗中叫人将电报扣下，左宗棠始终没能收到这份电报。第二天胡雪岩见左宗棠那边没有回音，这才真的急了，亲自去上海道台府催讨。但这一回邵友濂真的去视察制造局，溜之大吉了。

胡雪岩此时只好把他的地契和房产押了出去，同时廉价卖掉积存的蚕丝，希望能够捱过挤兑风潮。不想这次风潮竟是愈演愈烈，各地阜康银行早已经人山人海，银行门槛被踩破了，门框被挤歪了，都无人来管。胡雪岩这才明白，有人做了他的手脚。打听之下，才知道是盛宣怀，他不禁暗自叹了口气，知道这一回是彻底完了。他毫无气力地坐在太师椅上，脸如死灰。府内乱糟糟的，不时有人跑来报告新的坏消息。胡雪岩听着听着，忽然仰起头，大吼道："盛宣怀，我和你没完。"随即喷出一大口鲜血，昏了过去。胡雪岩不久即在忧愤中死去。

阜康银行倒闭，事关重大，邵友濂急忙上报朝廷，左宗棠匆匆从京师赶来。李鸿章派人给盛宣怀送了密信，叫他暂到天津代理海关道台之职，避避风头。

胡雪岩死后，盛宣怀少了一个有力的竞争者，从此事业更是蒸蒸日上。

盛宣怀面对胡雪岩这样的强敌，如果采用慢战的战术，胡雪岩可以应付裕如，绝不会破产。所以他采取速战法，抓住胡雪岩的要害，突然出手，使胡雪岩的现金流通一时中断，导致偌大的基业突然崩溃。

趁火打劫在政治斗争中的表现为：当对手内部有乱，或处于险境时，要趁机打击他，这同落井下石有共同之处。蒋介石就是利用这一手段搞垮许崇智的。

孙中山逝世后，国民党改组，蒋介石当上了军事委员会的八名委员之一，但此时他手下的部队只有一个军。蒋介石要夺取军权，最大的一个障碍就是许崇智。许崇智是军界前辈，手中握有实权，又是蒋介石的顶头上司——国民政府的军事部长。

蒋介石和许崇智二人是结拜弟兄，曾山盟海誓，生死不渝，蒋介石曾被孙中山派在许崇智手下工作。充当许崇智的助手，做参谋工作。国民党政府组成后，蒋介石有了自己的军队，在军界威望大增；此时他已不把许崇智放在眼里，但要整倒许崇智，他的力量还不足；这就要等待机会。

1925年8月20日上午，廖仲恺先生在国民党中央党部大门前遇刺身亡。廖仲恺的被刺，给蒋介石创造了一个极好的机会，促成了蒋介石夺取军权的实现。

廖案发生的当天，蒋介石以广州卫戍司令的名义宣布广州市戒严，派部队占领了市区的制高点，控制了整个广州市。

国民政府组成一特别委员会，由汪精卫、许崇智和蒋介石三人组成。经调查，枪杀廖仲恺是国民党右派分子策划的，曾在胡汉民家召开了几次秘密会议，由胡汉民的弟弟胡毅生及其死党收买凶手，许崇智的部下梁鸿楷、梁士锋和杨锦龙参与了此案。这样一来许崇智就处于受审的地位了。

8 月 25 日蒋介石命令黄埔军校教导团第五团开进省城捉拿凶手时，凶手已逃往香港。胡汉民因知情而不加劝阻被逐出广东，以“出使苏俄为名”去了苏联。

许崇智处于被审查的地位，非常尴尬。蒋介石抓住了这一机会，极力搜罗许崇智的罪状，最后公布了许崇智纵容部下勾结右派刺廖，并阴谋叛国，以及把持财政、私吞公款、克扣军饷等罪状。这样许崇智名声大落，同时蒋介石把对许不满的李济深、陈铭枢拉到自己一边，又收买了许军第二师师长谭曙卿等人。蒋介石还以粤军将领因牵涉廖案不可靠为名，派黄埔军负责许宅的安全警卫，这样许崇智就被监视起来。

许崇智看形势不妙，就急忙调动驻在东莞、石龙的许济、莫雄两师回广州保护自己。

9 月 19 日以汪精卫为主席的军事委员会决定，命令广州卫戍司令蒋介石:“全权处置局势”，这样蒋介石倒许就合法化了。

蒋介石的军队——黄埔军连夜出发，抢占了高地，防止许济、莫雄两师回广州。同时逮捕了许崇智的亲信广东财政厅厅长李鸿基、军需部长关道职等人。

9 月 19 日夜，黄埔军袭击了许宅，将许崇智软禁。

20 日晨，包围许济、莫雄两师，许济师未行抵抗即缴械，莫雄师略加抵抗，也被解除武装。

9 月 20 日，蒋介石派人给许崇智送去他的亲笔信，信上历数了他的几大罪状，强令其卸职，并要求他离开广州，否则“革命之生命告终”。许崇智看信后，给蒋介石打了两次电话，蒋介石都不接，没有办法，下午 3 时，许崇智离开他的“盟弟”登船离开广州去上海。

蒋介石倒许后，收编了许的军队，实力大增，并且在东征中当上总指挥，后来又当上了国民革命军总监，进一步又当上了北伐军总司令、军事部长。

杀鸡骇猴，杀一儆百

几乎每个单位或部门里都有一些不遵守纪律、我行我素的职员。这些职员的表现如果不及时予以制止，就会成为糟蹋“好酒”的“污水”，使单位陷入无序状态。在这种情况下，主管可以采用“杀鸡儆猴”的方法，重点批评、惩治个别典型，以警告其他下属，使他们遵纪守法，服从指挥。

在用人管人中，运用“杀鸡骇猴”策略，对树立领导者的威严、增强对下属的控制力具有十分显著的效果。但是，运用此策略也应该注意以下几条原则：

1. 枪打出头鸟

如果说办公室里已经暴露出了无序的苗头，领导者就该注意观察，逮住第一个以身试法者，并从速从严予以处置。这样做有两个好处，第一，第一位只有一个人，容易处置；第二，第一位胆量大，影响坏，若不及时处理，便会有效仿者紧随其后。处理第一位能够起到杀一儆百的作用。

2. 敲击情节严重者

如果同时碰到好几位违纪违规者。应当缩小打击面，重点惩处情节严重、性质恶劣、影响最坏者。其他的给予适当的批评教育就行。如果不加选择，一律照打，第一，由于打击面过宽，达不到“警”的目的；第二，会影响工作；第三，树敌太多，影响你的威信。只有有选择地重点打击，才能切实收到效果。

3. 惩处要使对方心服口服

既然是惩罚，肯定都是无情的。作为主管，在使用这一手段时，也要考虑到对方的情绪。应当注意：第一，惩处方式不能过于偏激，要留余地，能被对方接受；第二，惩处要有理有据，根据纪律规定、制度来执行，使被惩处者心服口服，无话可说。

4. 注意软硬兼施

“杀鸡骇猴”只是管理上的一种手段，但不是唯一的手段，它不是以打击报复为目的的。所以，运用“杀鸡骇猴”的策略，还要注意软硬兼施。这样，能使被惩处者在被“杀”的同时，又感受到了一些关爱。对领导者而言，铁腕政策得到了实施，又笼络了人心，还树立起了一个可畏可敬的领导者的形象。

5. 惩处资深人员或中层干部

如果能够抓住一个资深人员或肩负重任的中层干部进行惩处，效果会更好、更能对普通职员起到警告作用。有实绩的人或部门主管都被惩处、指责，其他职员能不感到紧张而加倍努力工作吗？

某公司发生了这样一件事：

一天，公司总经理办完事回到公司，刚一下车突然发现一位青年员工推着自行车刚进大门。总经理抬腕看了看表，上班已经 10 多分钟了。于是，他上前问道：“你是哪个部门的？”青年一看是总经理，便嗫嚅着说：“我……我是企划部的。”

总经理等了一会儿发现还有迟到的员工。于是，他回到办公室，命令秘书立即通知各部门主管紧急开会，会议内容只有一个：整顿纪律，清查今天迟到者。结果，各部门共查出 6 名迟到者，包括 1 名部门主管。

总经理命令全体干部职工暂停工作，全部到会议大厅集中。会上，他当众宣布，对 5 名迟到者给予警告处理，对那位部门主管给予纪律处分，并扣除当月全部奖金。然后，他告诫大家遵守公司纪律是对每一个员工最基本的要求，必须重视起来，认真对待。

通过这一件事，很快改变了员工纪律观念一度松懈的现象。有了纪律的约束，工作效率明显提高。

6. 惩处与你关系密切的人

国外曾经有这么一个公司，公司的老总平易近人、和蔼可亲，与下属们亲密无间，时常在一起打牌、下棋、游山玩水……久而久之，下属便把老总当做朋友一样看待了。平日上班迟到、早退现象频繁，更有甚者竟然连续几周不来上班，老总交给的任务要么马马虎虎完成，要么干脆拖个十天半月的再去干。

半年下来，公司的勤奋已荡然无存，营业额和利润直线下落，使得这位老总很是担忧，怎么办呢？老总思前想后，在某一天的公司大会上，宣布曾经与他十分亲密的一位好友因纪律散慢、业绩拙劣而被辞掉。

所谓“杀一儆百”，这一招果然十分管用，公司员工看到此景，都纷纷重新勤奋起来，而且为产品广开销路更是不断创新，妙招频出。一切又朝着好的方向发展开去。

“杀鸡给猴看”不能用得太多、太频繁，否则，会引起下属们对你的不满，甚至认为你缺乏管理能力，从而从心里看不起你，影响领导者的形象。

包揽把持，放手干

胡林翼与曾国藩一样，也是湘军创始人。胡林翼曾力劝曾国藩不可专学诸葛亮的谨慎小心，还曾一再敦劝曾国藩要有不怕包揽把持、放手去干的勇气，这些特点，正是曾国藩缺乏而胡林翼所特有的。

1836 年，胡林翼考中进士，由于他出身于官宦世家，本人又极会钻营，很快就飞黄腾达，当了贵州的两处知府，在任上办过团练，积累了丰富的作战与用人经验。

咸丰三年（1853）秋，胡林翼奉命率黔勇援湖北，从此开始了和曾国藩的紧密合作。

咸丰六年（1856）初，胡林翼进驻武昌城南，罗泽南鏖兵洪山；罗求胜心切，企图攻进城内，却中弹而卒，由他的弟子李续宾接任。

经过长年征战，胡林翼练就了两支精锐的部队，即李续宾的陆师，杨载福的水师。他还是湘军中在江忠源之后第二个被授予巡抚实职的将领，比曾国藩还早。

胡林翼在贵州做知府时，屡次剿平盗患，在军事指挥方面极有才干。担任湖北巡抚之后，亲自领兵从事武昌的争夺战，屡经历练，对于临阵对敌更增多了许多经验。因此他后来协同曾国藩作战时，常常提出正确的战略观点，对于战事的全局发生极为深远的影响。他在咸丰九十年间对太湖潜山战役的看法，就是最明显的例证。

太湖和潜山位于安徽省西南，大别山脉的南麓，是湖北向东通往安徽的必经之路。太平军由安徽进入湖北，胡林翼由湖北进攻安庆，两个地方都是必争的战略要地。

咸丰九年（1859）十一月，曾国藩由湖北移营安徽宿松。就在曾国藩进驻宿松的同时，陈玉成已调集了十多万大军，由江苏进入安徽，向庐江、桐城而来，其目的不仅是为了解太湖之围，更打算乘机击败清军，解除安庆所受的威胁。

陈玉成来势凶猛，而此时湘军由湖北四路出师，兵力分散，看来势难抵敌。当时，太湖尚在清军围攻之中，如果撤围而集中诸军对抗陈玉成，那么，长期的围守之功就会失败，未免可惜；如果不撤太湖之围，又未免腹背受敌，何去何从，胡林翼和曾国藩都非常头痛。

在这种情形之下，很多人认为如果撤围，必然会使太湖中的太平军与陈玉成的大军会合一处，其势更不可挡，曾国藩也因此而迟疑不决。胡林翼反复筹议，以为不然。他在这段时间里，每天都给曾国藩写一封信，讨论当前的军事问题。在十一月十五日写给曾国藩的信中，他提出了很明白的看法，说："太湖兵力，应专打援贼，即放走城贼，亦甚无妨。"

十七日，胡林翼在写给曾国藩的心腹幕僚李榕的信中，谈到历史上曹操官渡之战击败袁绍和李世民击败窦建德的经典战例，认为：谋而不决，定会丧失良机，而且还将遭受严重损失。所以，他一再劝导曾国藩下定决心，撤围御敌。但曾国藩仍然不敢放手。胡林翼终于不顾曾的反对，将部署在太湖附近的鲍超、唐训方、蒋凝学、多隆阿各军合而为一，任命多隆阿为统帅，统一指挥，合力御敌。十二日，陈玉成的大军由潜山至太湖，连营百数，与多隆阿各军展开大战。

此时曾国藩才觉得胡林翼的策略是正确的，就和胡林翼抽调各路援军陆续投入战场，互相形成了包围与反包围的巧妙形势，血战十多天，终于击溃了陈玉成的主力。

经过这一战役，皖南的太平军再没有力量阻止湘军的全面推进，而安庆亦终于在不久之后被围。自安庆攻克之后，太平天国所处的形势更是江河日下，从此走上了下坡路，四年以后，终于被湘军镇压下去。

可以说，潜山太湖战役对于全盘情势产生了深远的影响。潜山太湖之战，充分体现了胡林翼敢于决断的特点，如果此时再优柔寡断，必将反受其乱，可能会使整个战局转向不利局面。这也正是曾国藩离不开胡林翼的一个主要原因。

咸丰十年（1860），太平天国的忠王李秀成采用围魏救赵之计，再破江南大营，攻克苏州、常州，围困杭州，给清廷造成了极大的震撼。胡林翼认为，这是一个壮大湘军势力的千载难逢的机会，于是他向曾国藩建议，向朝廷提出，派能干的李元度、沈葆桢、李鸿章、刘蓉、李瀚章等出任苏赣浙三省的布政使要缺，就地筹饷治军，分南北西三路向南京展开包围形势。形势既得，事情自然顺手，不可急病缓治，因顾及小处而忽略全局。

咸丰十一年（1861），朝廷发生了震惊中外的辛酉政变，慈禧太后处死了与湘军关系密切的掌权大臣肃顺，湘军将领都觉得大祸将至。胡林翼认为，此时是曾国藩自立的绝佳时机，因不便明说，就写了一张字条:“以霹雳手段，显菩萨心肠。”意思非常明显，利用慈禧太后争权夺利，失去人心的机会，以为君争位的名义，揭竿而起，争夺江山。但曾国藩为人谨慎，没有答应。

比较两人的异同，就可知道，胡林翼所以能在极短时间之内，将残破不堪的湖北省收拾整顿，一变而为后来的富强安定的湘军根据地，正因为他有胆有识，以及凡事但求有利于国家而不辞包揽把持之名的缘故。在这些地方，胡林翼的治事之才与卓识之见，似乎又要比曾国藩高出一筹。因此有人认为，以胡林翼的胆识魄力和他的明快作风，如果处在曾国藩的两江总督的位置上，苏、常沦陷以后的江南大局，决不至于要在三年以后方才逐渐改观。

不可姑息养奸，放虎归山

把到手的胜利丢掉了，这无疑是非常愚蠢的。但是历史上这样的例子却层出不穷。比如，有的布局者就犯下了放虎归山的错误，拉开了败局的前幕。

明朝的建文帝即位后，已觉察到燕王朱棣的举动不寻常，并采取了一些措施提防朱棣。首先，建文帝以防备北边蒙古为名，派武将守开平，并下令调征燕王所属卫兵出塞。其次，派工部侍郎张芮为北平左右政使，任谢贵为都指挥使，随时就地侦伺这位王爷的动静。同时，朱棣的大舅子徐辉祖（功臣徐达之子）常常把从妹妹那里打听来的燕王信息密禀于建文帝，大见信用，被加封为太子太傅，与李景隆一起统管军队，随时准备发动图燕之举。

建文元年（1399）春天，燕王派长史葛诚入京奏事，其实也是到朝廷探听口风，打探虚实。建文帝推诚相待，向葛诚询问燕王的情况。葛长史是老实人，又是皇帝垂问，便把燕藩平素的不轨之事一一禀报，建文帝既喜且忧，遣葛诚回北平，密使其为内应。朱棣多疑，殆似其父，葛诚回来后，他“察其色异，心疑之”。

三月份，燕王依礼入觐新君，“行皇道入，登陛不拜”。大庭广众之下，朱棣愤然抗然，显然不仅老奸巨猾，而且还气势凌人。当时就有监察御史奏劾其“不敬”，建文帝仁厚，表示“至亲勿问”。

户部侍郎卓敬再次密奏：“燕王智虑绝人，酷类先帝。夫北平者，金、元所由兴也，宜徙封南昌以绝祸本。”建文帝览奏后变色，“袖之”，不置可否。转天，他亲自召见卓敬，问：“燕王骨肉至亲，何得及此？”卓敬出言不凡，说：“隋文帝、杨广两人难道不是亲父子吗？”建文帝默然良久，仍旧下不了决心，只是摆手说了声“爱卿不要再讲了”，示意卓敬退下。

四月，燕王朱棣归国。真所谓“天予不取，必受其咎”！在南京如果想处置燕王朱棣，两狱卒力耳，随便安个什么罪名，先抓起来再说。可惜建文帝太过柔仁，也不知一直出主意削藩的齐泰和黄子澄等人干什么去了，关键时刻不力劝建文帝下手，放虎归山，养虎反噬，悔之无及。

当然，建文帝也采取了一些“补救”措施。派都御史景清为北平布政司参议，又诏派宋忠率三万兵屯守开平，以备边为名，敕令燕府精兵护卫皆隶属宋忠。同时，还密诏张芮、谢贵严备燕王的一举一动。朱棣归国后，马上托疾不出。不久，对外又称病危，以此迷惑朝廷。

五月，太祖朱元璋小祥忌日，依照礼制诸侯王皆应亲临陵墓致祭。朱棣自称病笃，派其世子朱高炽及另外两个儿子朱高煦、朱高燧入京。当时有参谋劝他不要把几个儿子都派入京师参加祭礼。燕王朱棣一语道破心机：“令朝廷勿疑也。”燕世子朱高炽等三兄弟入京，兵部尚书齐泰就劝建文帝把三个人都一并软禁起来。又是黄子澄表示异议：“不可。疑而备之，殆也。不如遣还。”

秀才议事，思前想后，终无成者。本来，朱棣派三个儿子入京后不久，便忽然生悔，生怕三个小子被他们当皇帝的堂兄弟一网打尽。看见三个人根毛未动、全须全尾无恙返回，朱棣喜出望外，大叫“吾父子复得相聚，天赞我也”！

建文帝放朱棣回北平，一错；又纵放燕王世子朱高炽等人归国，使朱棣起兵更无顾忌，二错；特别是放走了强悍敢战的朱高煦，三错。日后，朱棣之兵锋最锐者，关键时刻加最后一把力者，当属这位朱高煦。彼时，建文帝大叹“吾悔不用辉祖之言”！可是，为时已晚了。

放虎归山就是养虎为患，布局者或者出于心软，或者是轻信，将落网的敌人又放回去了。这不是自取灭亡又是什么呢？敌人毕竟是敌人，老虎毕竟是老虎，是老虎就要吃人，是敌人总要伤害你。好不容易挟持了敌人，可以加以要挟，却放回去了，这绝不会引起敌人的感念而放下屠刀，而往往使对手又有了举起屠刀的机会，所以，放虎归山就是养虎为患，是万万要不得的。

用心有术五

诛心

上司的一次闭门谈话，上级的一次调查，再加上有心人的含糊其词的传播，就算你很清白，别人也会怀疑你有问题了。不辩吧，别人会认为你自己都认了；辩吧，在别人看来不过是“此地无银三百两”，而且越辩，别人越不信——于是你的好名声没了，威望下降了，被人疏远了……若是你因此烦躁不安，灰心丧气，心不在焉……更是正中了那些有心人的下怀。这不正是诛心吗？

抓住一个人言行上的过失和把柄，追根究底，责疑其人品、动机，揭穿其不能言不敢言不忍言的深刻用心，不也是诛心吗？

第一章 挑拨离间

挑拨离间，就是往人心里栽根毒刺，播下不信任的种子，以达到诛敌心腹，从而让对手阵营内祸起萧墙，相互猜忌内争不断，人心惶惶，失去了凝聚力和战斗力，变得不堪一击这一招，君子不得不识，以防不测。

间心腹，断臂助

项羽兵强马壮，又有范增在其身边为其出谋划策，这给刘邦灭掉楚国增大了难度。要想打败必先除去项羽身边的重要谋士——范增，为一统天下扫除障碍。

于是陈平就用了这一损招：离间项羽与范增的关系，以诛其心腹。范增是追随项羽叔父项梁起兵的老臣，项羽的手下猛将如林，但真正有战略头脑的谋士似乎只有范曾一人。离间这位被项羽尊为“亚父”的能人，的确相当有难度，但难不倒离间计大师陈平。

有一次项羽的使者来访，陈平“做局”的机会来了，他先是故意地隆重接待使者。声色犬马之下，使者被感动得坐卧不安，当然礼节性地说出代楚霸王项羽向诸位感谢的话来。谁知招待人员就此突然翻脸，撤下大餐和美女，换上窝头和稀饭，当着使者的面说，你倒是早说你是项羽派来的啊，我们还以为你是亚父范增派来的呢。使者羞怒之下，回去把这件事添油加醋地向项羽作了汇报，头脑简单的项羽当然怒火中烧，从此不再信任范增。后来范增几次直言相谏，更是惹得早有成见的霸王不高兴了，终于被扫地出门。范增已经是七十多岁的老人了，受了闷气，加上背上毒疮发作，不久就负气归西。而他一死，项羽的末日也就不远了。

从表面上看，使项羽怀疑范增好像非常难，但在当时那个年代，这种事情是很容易理解的。当时，天下大乱，群雄并起，谁能最终获胜实在不好说，所以有的人今天站在这个阵营，明天可能又站到了另一个阵营。站在项羽的角度想，范增也许真的觉得刘邦更有王者之气，想跳槽倒向刘邦哩！韩信、黥布之流不都是出尔反尔，忽左忽右吗？

人性是不可捉摸的，人心隔肚皮啊。我们知道，关系越是亲密的人之间有时越是容易出现矛盾。就拿刘邦来说吧，他就曾因萧何在后方权力过大而怀疑萧何，萧何及时看出不妙，就把自己的家属子女送到战场（可以说是做人质），同时他也搞些贪污财物、挪用公款的事来，刘邦这才打消疑虑：哦，萧何看来并无异心，只是贪些小便宜罢了，这倒不打紧。从此放下心来。

历史上还有一个著名的人物倒在了挑拨离间诛心策下，那就是皇太极借崇祯皇帝之手除掉袁崇焕，扫除了灭明的一大障碍。

当时，后金南下，势如破竹，明朝的辽东守将袁崇焕独撑危局，使皇太极如鲠在喉。公元 1627 年，崇祯帝即位，很想有所作为，他一即位就除掉了大阉魏忠贤，又给杨涟、左光斗等正直的大臣平反了冤狱。许多大臣请求把袁崇焕召回朝廷。崇祯帝接受了这个意见，提拔袁崇焕为兵部尚书，负责指挥整个河北、辽东的军事。崇祯帝还亲自召见袁崇焕，问他有什么计划。袁崇焕说:“只要给我指挥权，朝廷各部一致配合，不出五年，可以恢复辽东。”

崇祯帝听了十分兴奋，给袁崇焕一口尚方宝剑，准许他全权行事。

袁崇焕重新回到宁远，选拔将才，整顿队伍，军纪严明，士气振奋。东江总兵毛文龙作战不力，虚报军功，不服从袁崇焕的指挥。袁崇焕使用尚方剑，把毛文龙杀了。

皇太极在辽东屡屡败于袁崇焕，当然不肯罢休，他知道宁远、锦州防守严密，决定改变进兵路线。他做好一切准备，于公元 1629 年十月，率领几十万后金军，从龙井关、大安口（今河北遵化北）绕到河北，直扑明朝京城北京。

这一着可出乎袁崇焕的意外。袁崇焕赶快出兵，想在半路上把后金军拦住，可是已经来不及了。后金军乘虚而入，到了北京郊外。袁崇焕得到情报，心急火燎带着明军赶了两天两夜，赶到北京广渠门外，没顾上休息，就和后金军展开激烈的战斗。别路明军，也陆续赶到，投入战斗。

后金军突然进攻北京，引起了全城震动。崇祯帝更是急得心慌意乱，不知该怎么办才好，后来听说袁崇焕带兵赶到，心才定了一些。他亲自召见袁崇焕，慰劳了一番。但是一些魏忠贤的余党却散布谣言，说这次后金兵绕道进京，完全是袁崇焕引进来的，说不定里面还有什么阴谋呢。

崇祯帝是个猜疑心极重的人，听了这些谣言，也有些怀疑起来。袁崇焕向皇上请求说，将士们长途跋涉，十分劳累，请准允入城休整，但被崇祯帝拒绝了。

正在这个时候，有一个被金兵俘虏去的太监从金营逃了回来，向崇祯帝密告，说袁崇焕和皇太极已经订下密约，要出卖北京。这个消息简直像晴天霹雳，把崇祯帝惊呆了。

原来，明朝有两个太监被后金军俘虏去以后，被关在金营里。有天晚上，一个姓杨的太监半夜醒来，听见两个看守他们的金兵在外面轻声地谈话。

一个金兵说："今天咱们临阵退兵，完全是皇上（指皇太极）的意思，你可知道？"

另一个说："你是怎么知道的？"

一个又说："刚才我就看到皇上一个人骑着马朝着明营走，明营里也有两个人骑马过来，跟皇上谈了好半天话才回去。听说那两人就是袁将军派来的，他已经跟皇上有密约，眼看大事就要成功啦……"

姓杨的太监偷听了这番对话，趁看守他的金兵不注意，偷偷地逃了出来，赶快跑回皇宫，向崇祯帝报告。崇祯帝听了也信以为真。他哪里知道，这个情报完全是假的。两个金兵的谈话是皇太极预先布置的。

崇祯帝命令袁崇焕马上进宫。袁崇焕接到命令，也不知道发生了什么事，匆忙进了宫。崇祯帝拉长了脸，责问说："袁崇焕，你为什么要擅自杀死大将毛文龙？为什么金兵到了北京，你的援兵还迟迟不来？"

袁崇焕不禁怔了一下，这些话都是从哪儿说起？他正想答辩，崇祯帝已经喝令锦衣卫把袁崇焕捆绑起来，押进大牢。

有个大臣知道袁崇焕平日忠心为国，觉得事情蹊跷，劝崇祯帝说："请陛下慎重考虑啊！"

崇祯帝说："什么慎重不慎重？慎重只会误事。"

崇祯帝拒绝大臣的劝告，一些魏忠贤余党又趁机诬陷。到了第二年，崇祯帝终于下令把袁崇焕杀害。

挑拨离间，毒在诛心，其毒不仅仅是手段，更重要的是其对人性弱点的残酷利用和无情玩弄。

分化瓦解

再难攻克的堡垒也可以从内部打破。

春秋时的晏子博学多才，聪明机智，是齐国有名的政治家，为齐国的富强做了很多事。齐景公提拔晏子做了相国。当时齐国有三个大力士，一个叫公孙捷，一个叫田开疆，一个叫古冶子，号称“齐国三杰”。他们因为勇猛异常，被齐景公宠爱，晏子遇到这三个人总是恭恭敬敬地快步走过去。可是这三个人每当见晏子走过来，往往坐在那里连站都不站起来，根本不把晏子放在眼里，仗着齐景公的宠爱为所欲为。当时，齐国的田氏，势力越来越大，他联合国内几家大贵族，打败了掌握实权的荣氏和高氏，威望越来越高，直接威胁着国君的统治。田开疆正属于田氏一族，晏子很担心“三杰”为田氏效力，危害国家，想把他们除掉，又怕国君不听，反倒坏了事。于是心里暗暗拿定了主意：用计谋除掉他们。而晏子设的什么局能把铁板一块的“三杰”解决掉呢？

晏子的局是这样的。一天，鲁昭公来齐国访问。齐景公设宴招待他们。鲁国是叔孙恪执行礼仪，齐国是晏子执行礼仪。君臣四人坐在堂上，“三杰”佩剑立于堂下，态度十分傲慢。正当两位国君喝得半醉的时候，晏子说：“园中的金桃已经熟了，摘几个来请二位国君尝尝新吧！”齐景公传令派人去摘。晏子说：“金桃很难得，我应当亲自去摘。”不一会儿，晏子领着园吏，端着玉盘献上六个桃子。景公问：“就结这几个吗？”晏子说：“还有几个，没太熟，只摘了这六个。”说完就恭恭敬敬地献给鲁昭公、齐景公每人一个金桃。鲁昭公边吃边夸金桃味道甘美，齐景公说这金桃不易得到，叔孙大夫天下闻名，应该吃一个。”叔孙恪说：“我哪里赶得上晏相国呢！这个桃应当请相国吃。”齐景公说：“既然叔孙大夫推让相国，就请你们二位每人吃一个金桃吧！”两位大臣谢过景公。晏子说：“盘中还剩下两个金桃，请君王传令各位臣子，让他们都说一说自己的功劳，谁功劳大，就赏给谁吃。”齐景公说：“这样很好。”便传下令去。两个桃子，三个人，如何分？这就是矛盾了。铁板一块的三杰入了套。

果然，第一个入套的是公孙捷，他走了过来，得意洋洋地说：“我曾跟着主公上山打猎，忽然一只吊睛大虎向主公扑来，我用尽全力将老虎打死，救了主公性命，如此大功，还不该吃个桃吗？”晏子说：“冒死救主，功比泰山，应该吃一个桃。”公孙捷接过桃子就走。

听到这话，第二个入套的古冶子喊道：“打死一只虎有什么稀奇！我护送主公过黄河的时候，有一只鼋咬住了主公的马腿，一下子就把马拖到急流中去了。我跳到河里把鼋杀死了，救了主公，像这样大的功劳，该不该吃个桃？”景公说：“那时候黄河波涛汹涌，要不是将军除鼋斩怪，我的命就保不住了。这是盖世奇功，理应吃个桃。”晏子急忙送给古冶子一个金桃。

此时，第三个入套的田开疆眼看金桃分完了，急得跳起来大喊：“我曾奉命讨伐徐国，杀了他们主将，抓了五百多俘虏，吓得徐国国君称臣纳贡，邻近几个小国也纷纷归附咱们齐国，这样的大功，难道就不能吃个桃子吗？”晏子忙说：“田将军的功劳比公孙将军和古冶将军大十倍，可是金桃已经分完，请喝一杯酒吧！等树上的金桃熟了，先请您吃。”齐景公也说：“你的功劳最大，可惜说晚了。”田开疆手按剑把，气呼呼地说：“杀鼋打虎有什么了不起！我跋涉千里，出生入死，反而吃不到桃，在两国君主面前受到这样的羞辱，我还有什么脸活着呢？”说着竟挥剑自刎了。公孙捷大吃一惊，拔出剑来说：“我的功小而吃桃子，真没脸活了。”说完也自杀了。古冶子沉不住气说：“我们三人是兄弟之交，他们都死了，我怎能一个人活着？”说完也拔剑自刎了。人们要阻止已经来不及了。

这时，晏子的局完成了。原本团结一心，难以力敌的三个勇士就这样被一个诛心之局给分化瓦解。

第二章 打击其信念，让对手心理崩溃

打击敌人和对手，最好的办法不是消灭他，而是诛心——

抹黑他的节操，败坏他的名誉，让他身败名裂，威风扫地；

打击他的信念，消磨他的意志，瓦解他的斗志，使其心如死灰；

还有就是责疑别人的用心和动机，让人心生惧意，乖乖就范。以史为鉴，君子陷入这一僵局，要有充分的心理准备，沈着应战。

让他恶性膨胀，身败名裂

郑庄公这个人比较阴。他的弟弟共叔段为非作歹，还想争王位，他睁一只眼闭一只眼，让弟弟继续坏下去，等到他弟弟闹得人神共愤的时候，才出兵一举铲除。

事情是这样的。郑庄公的母亲姜氏生有两个儿子，老大就是庄公，老二是共叔段。生庄公时，姜氏难产受到了一些惊吓，所以取名寤生，并对其有讨厌之感，而对共叔段，姜氏则特别偏爱，几次请求郑武公立共叔段为世子，武公都没有同意。

武公死后，长子寤生继位，是为郑庄公。姜氏见扶植共叔段的计划失败，便替共叔段请求庄公将制邑作为段的封地。制邑在河南荥阳东北，北临黄河，地势险要，著名的虎牢关就在此处。庄公怕共叔段据险以后难以清除，没有同意。姜氏又要求把京邑封给共叔段，庄公不好再推辞，只得答应。

郑大夫祭足知道后，立即面见庄公说："分封的都城，它的周围超过300丈的，就对国家有害。按照先王的制度规定，国内大城不能超过国都的三分之一，中城不能超过国都的五分之一，小城不能超过国都的九分之一。现在封共叔在京邑，不合法度。这样下去您恐怕将控制不住他。"庄公答道："母亲喜欢这样，我怎么能让她不高兴呢。"祭足又说："姜氏哪里有满足的时候！不如早些想办法处置，不要使她滋长蔓延，蔓延了就很难解决，就像蔓草不能除得干净一样。"庄公沉吟了一会儿，说："多行不义者，必自毙。你姑且等着吧！"

其实，郑庄公心里早已有了对付共叔段的方略。庄公感到自己现在力量还不强大，共叔段又有母后的支持，要除掉共叔段还比较困难，不如先让他尽力表演，等到其罪恶昭著后，再进行讨伐，一举除之。

共叔段到了京邑后，将城进一步扩大，还把郑国的西部和北部的一些地方逐渐据为己有。公子吕见此情形十分着急，对庄公说：“国家不能使人民有两属的情况，您要怎么办？请早下决心。要把国家传给太叔（共叔段），那么就让我奉事他为君；如果不传给他，就请除掉他。不要使人民产生二心。”庄公回答说：“你不用担心，也不用除他，他自己将要遭祸的。”

此后，共叔段又将他的地盘向东北扩展到与卫国接壤的廪延。此时，子封又来见庄公，说：“应该除掉叔段了，让他再扩大土地，就要得到民心了。”庄公却说：“他多行不义，人民不会拥护他。土地虽然扩大了，但一定会崩溃的。”

共叔段见庄公屡屡退让，以为庄公怕他，便更加有恃无恐。他聚集民众、修缮城郭、收集粮草、修整装备武器、编组战车，并与母亲姜氏约定日期作为内应，企图偷袭郑国，篡国夺权。

庄公对共叔段的一举一动早已看在眼里，并有防备。当他得知共叔段与姜氏约定的行动日期后，就命大将子封率领二百乘兵车提前进攻京邑，历数共叔段叛君罪行，京邑的人民也起来响应，反攻共叔段。共叔段弃城而逃，先逃到鄢，后又逃到共邑。庄公引兵攻打共邑，共叔段畏罪自杀。他们的母亲姜氏也因无颜见庄公而离开宫廷，出居颍地。

郑庄公采用诛心之法，很轻松地除掉了王位竞争对手。他考虑到共叔段毕竟是自己的弟弟，如果一开始就对共叔段大加讨伐，别人会说他不讲亲情，在道义上他会失分。所以他先让共叔段坏下去，野心充分暴露，身败名裂之后，顺理成章轻松出手收拾了对手。

杯酒释兵权

宋太祖是篡夺后周王权登上皇帝宝座的，所以他担心有朝一日自己手下的重臣之中，忽然会冒出另一个“赵匡胤”，也来个“黄袍加身”，让他成为第六个短命王朝的君主。

恐惧，像条绞索缠绕在他心头，他不甘心重蹈覆辙。于是，他找到亲信赵普，向他提出自己的问题：“李唐覆灭以来。帝王更换频繁，篡夺帝位的一个接着一个，原因究竟何在？我想消除这种动乱，使国家长治久安，究竟该采取什么措施才好？”

早在周世宗平定淮南之时，赵普就结识了当时地位并不显赫的赵匡胤，两人无论政治见解或者私交，都十分接近。赵匡胤深思的问题，赵普当然不会没想到过。他成竹于胸，断然回答赵匡胤：“以前的动乱，都是由于唐朝遗留下来的弊病没有消除，藩镇权力太大，国君力量过弱，君弱臣强，尾大不掉。要改变这种局面，只有夺去他们的权柄，控制他们的钱谷，收回他们的精兵。”听到这里，宋太祖赵匡胤顿时恍然大悟。他没让赵普说完，马上对他说：“你不用再讲了，我全明白了。”

这以后，宋太祖赵匡胤开始盘算自己手下那些拥有兵权的重臣。当初他黄袍加身之后，曾经按惯例大封功臣，后周的大将慕容延钊拥护宋朝有功，升任了殿前都点检；守卫着北部边界的韩令坤，当了侍卫马步军都指挥使；石守信当了侍卫马步军副都指挥使。宋朝的主力部队禁军，就掌握在这几个人手里。

赵匡胤登位后的第二年，他便开始了削弱藩镇的行动。殿前都点检，这个职位他自己也当过，今后再也不能让其他人据有这个位置。于是他罢免了慕容延钊这一职务，派他到外地当节度使，从此不设统领禁军的殿前都点检一职。他还顺便解除了原非亲信的韩令坤的职务，也给他一个节度使当。只有石守信等，赵匡胤视他们为亲信，没有立即罢免他们的军职。

赵普看到商定的措施没有彻底执行，事情到这地步似乎已经了结，便多次劝赵匡胤撤换石守信他们。赵匡胤听了，只是笑笑说："他们是我兄弟，绝对不会背叛我。"赵普急了，对赵匡胤说："问题不在他们本人，他们能力有限，没有操控天下的才能，万一他们部下一拥而起，他们就身不由己了。"一席话说得赵匡胤的眼前仿佛又出现自己参加过的两次兵变的情况，他暗暗思忖，赵普的话太有道理了，自己非动手不可，免得遗患无穷。

这年秋天的一个晚上，赵匡胤召石守信等一批"好兄弟"进宫欢宴。酒喝得差不多的时候，这位皇上开始"口吐真言"，他忧心忡忡地说："过去全靠着诸位出力，我才有了今天。不过，当个天子实在也难，还不如当初做节度使，那时候我逍遥自在极了，而今简直没有哪一晚是能睡个安稳觉的。"

石守信等人确实心无城府，觉得非常奇怪，问赵匡胤："陛下已登大宝，还有什么忧虑呢？"宋太祖苦笑一声："我这个位置，谁不想坐呢！"石守信等人立刻说："如今天命归大宋和陛下，谁敢大胆觊觎？"宋太祖叹了口气，又说："你们绝不会有什么非分之想，这点我放心。但是，有朝一日你们的部下贪图富贵，也把黄袍披到你们身上，那时候你们即使不想做什么，恐怕也无法回避啦！"

一席话，说得石守信他们冷汗直淌，连忙拜伏在地，哭泣着请求："臣下实在愚蠢，想不到这一点，望陛下给我们指出一条生路，免得我们做十恶不赦的罪人。"

宋太祖见时机已到，便劝自己这批亲信大将说："人的一生，好比白驹过隙，实在太短促了。人们追求富贵荣华，不过是要多攒点金银，自己安享余年，让子孙也过上好日子。如今，诸位已经达到了这个目的。我替大家打算，不如把兵权交出来，到地方上当个节度使，购些好田，建座大宅子，替子孙创立家业；自己买点歌妓舞女，天天饮酒作乐，不比现在更好吗？你我过去是兄弟，今后我们再结成儿女亲家，君臣之间再也不会生嫌隙，这样做大家都安心，不比现在这种尴尬场面更好吗？”

这一席话，既是“兄弟”之间的交心，又是君主对臣下的警告，石守信他们再笨，也不至于听不出宋太祖的真正意思，他们当然不致于敬酒不吃吃罚酒。

第二天，石守信他们都说自己身患疾病，不宜再领兵出征，一个个乖乖地交出了兵权。宋太祖龙心大悦，对他们大加恩赏，只留下石守信一个，担任禁军中有职无权的官员，其余的都出京城当了节度使。

赵匡胤话中的意思多诛心——要是你们不交出兵权，是不是也想有朝一日也来个“黄袍加身”？那可就怪不得我手黑哦……

这些兵大哥，谁还敢顶牛啊，腿脚早就吓软了。

也许有人说不会吧，赵匡胤下得去这手？

不信接着看他的另外几个不信邪的兄弟的下场——

公元969年，王彦超等几个老资格节度使进京朝见皇上，他如法炮制，又在酒席之间对他们说：“你们是国家的元老重臣，长久在外，担负的责任很重，公务太繁忙了，我实在对不起你们，无法优待你们这些老臣。”

王彦超一听就懂了，连忙说：“我本就没什么功劳，却受到陛下恩宠。现在年纪大了，该回家养老了，请陛下恩准。”有两个节度使不识时务，还要夸耀自己的功劳，赵匡胤冷冷地回答他们：“从前那些事，还提它干什么？”第二天，赵匡胤客客气气把王彦超送回家养老；而那两个夸功的，被罢免了节度使。赵匡胤找了两个闲散的官职让他们当，留在京城居住，实际上被严严地看管住了。

四面楚歌，瓦解军心

公元前202年（汉高祖五年）11月，刘邦与韩信、彭越、英布等将项羽及其部下层层围困至垓下（安徽泗县西南）。当时楚军虽然兵少粮尽，处于劣势，但项羽所部大多是勇猛之士，强悍善战。为了瓦解楚军军心，动摇楚人的战斗意志，韩信建议围困楚军的汉军士卒每到晚上，就在篝火旁高唱楚歌。项羽听到四面汉营之中唱的都是楚歌，以为汉军已经占领了楚国全境，楚人都投降了刘邦，十分吃惊，不禁悲壮高歌。当时楚军屡战不胜，军粮将尽，士卒锐减，项羽不想坐以待毙，于是率领800余名骑兵乘夜向南突围。刘邦立即命令骑兵将领灌婴率5000骑兵追至东城（安徽定远东南），再次将项羽包围。项羽见大势已去，仅率28骑突围，属下劝其东渡乌江，项羽却无颜面见江东父老，于是在江边自刎而死。

战争中要善于利用各种心理攻势对敌人施加压力，瓦解其士气，动摇其军心，先从心理上打败它，使其丧失战斗力。项羽本人力能拔山，而其所部又勇猛善战。虽然刘邦大军已将其层层围至垓下，但依项羽本人的个性，仍然会负隅顽抗，于是韩信让汉军四面唱起楚歌。项羽听到歌声，大为吃惊，以为楚地被汉军全部占领，绝望悲歌，以至信心受挫、意志瓦解，最后被迫自刎乌江。

七擒七纵，折服人心

三国时期，蜀国南方诸夷发动叛乱，蜀相诸葛亮率兵亲征。参军马谡为之献策:“南中地势险要偏远，用武力惩服不是长久之计。况且以后如南夷得知丞相举兵北伐曹魏的消息，就会趁蜀国兵力空虚，而加紧叛乱。如若用武力把他们赶尽杀绝，又非仁者之情。因此，此次用兵，应当以攻心为上。”

马谡的一番论说，正合诸葛亮的心意，诸葛亮于是接纳了此建议。叛军首领孟获，是少数民族首领，在南中地区有很强的威信和影响。诸葛亮为了更好地解决与西南少数民族政权的关系，消除南中叛乱的根源，决定对夷敌首领孟获采用“诛心”之术，下令全军在作战中只能生擒孟获而不得伤害他。经过一番交战，孟获果然中计被擒。但是诸葛亮对他不杀不辱，而是顺势把他放了。孟获回营后，继续与蜀军对战。诸葛亮乘其不备，袭击了孟获的粮仓，又擒到了孟获。可是这一次诸葛亮又把他放了。就这样一连七次，擒获孟获，又先后释放。

直到最后一次，诸葛亮第七次擒获孟获，诸葛亮又要放他走时，孟获确实感到诸葛亮智谋超群，又没有存心和南中为敌，于是便心悦诚服地率众投降了。从此，蜀国西南安定，诸葛亮北伐再无后顾之忧。